Orlando Rolando Laiz Averhoff

Monografia de Embalses Cubanos de las Regiones Central y Occidental

Orlando Rolando Laiz Averhoff

Monografia de Embalses Cubanos de las Regiones Central y Occidental

Limnología de embalses cubanos

PUBLICIA

Imprint
Any brand names and product names mentioned in this book are subject to trademark, brand or patent protection and are trademarks or registered trademarks of their respective holders. The use of brand names, product names, common names, trade names, product descriptions etc. even without a particular marking in this work is in no way to be construed to mean that such names may be regarded as unrestricted in respect of trademark and brand protection legislation and could thus be used by anyone.

Cover image: www.ingimage.com

Publisher:
PUBLICIA
is a trademark of
International Book Market Service Ltd., member of OmniScriptum Publishing Group
17 Meldrum Street, Beau Bassin 71504, Mauritius

Printed at: see last page
ISBN: 978-620-2-43174-3

Zugl. / Aprobado por: Pero no se me ha permitido defenderla por no encontrar un tribunal que la reciba

Copyright © Orlando Rolando Laiz Averhoff
Copyright © 2018 International Book Market Service Ltd., member of OmniScriptum Publishing Group

MONOGRAFIA

de Embalses Cubanos de las Regiones Central y Occidental

MSc. Orlando Rolando Laíz Averhoff

Monografía de Embalses Cubanos de las Regiones Central y Occidental

S c. Orlando Rolando Laíz Averhoff

AGRADECIMIENTOS:

El autor quiere evidenciar su agradecimiento a todos los que de una u otra forma han contribuido al término exitoso de este estudio, bien por su colaboración directa en los muestreos, análisis y otras ayudas muchas veces indescriptibles pero que finalmente han permitido el feliz desenlace de este documento. Pero muy especialmente no quisiera olvidar nunca que gracias al **Dr. Peter Roland Blomqvist**, el cual con sus enseñanzas posibilitó que me introdujera en un tema tan importante como la Limnología y que desafortunadamente hoy ya no se encuentra entre nosotros, igualmente tampoco olvida la contribución exitosa al buen desarrollo de los resultados de la Técnico Nancy Díaz, ya que la misma fue capaz de realizar todos los análisis químicos y físicos necesarios para que hoy se puedan presentar estos resultados ante Uds. y que también por esas situaciones del destino tampoco hoy se encuentra entre los vivos. A los especialistas en la sistemática de las algas con los cuales fue consultada las especies descritas, la **Dra. Gertrud Cronberg** (Instituto de Limnología, Universidad de Lund, Suecia), el **Dr. Kuno Thomasson** (Instituto de Biología de las Plantas, Universidad de Uppsala, Suecia) y el **Dr. Augusto Comas** (Laboratorio de Algas, Centro de Estudios Ambientales, Cienfuegos, Ministerio de Ciencia, Tecnología y Medio Ambiente) este último colaboró con sus oportunas recomendaciones en la sistemática para las aguas cubanas.

DEDICATORIA:

A mis padres, que tanto esfuerzo hicieron en su tiempo para lograr la formación que hoy poseo. A mi esposa Rosa María, que con su interés, esfuerzo y comprensión contribuyó para que pudiera alcanzar este escaño en mi carrera y a la cual debo, gracias a su constancia y paciencia llegar al término exitoso de esta etapa en mi vida profesional.

Gracias a todos.

RESUMEN

Los embalses son la fuente más importante de reserva de agua en el archipiélago cubano. Durante el pasado siglo, desde 1962 hasta la década de los 80s fueron construidos 228 embalses, permitiendo almacenar el agua correspondiente a la mayoría de las cuencas hidrográficas principales del país, éstos unidos a los 14 construidos antes de la Revolución, alcanzan un total de 242 los cuales acumulan aproximadamente 9 km^3 de agua. Los mismos se utilizan para diferentes propósitos: riego y abasto a poblaciones e industrias y adicionalmente se realiza una producción pesquera.

En esta investigación fueron incluidos ocho embalses, Lebrije, Higuanojo, Zaza y Tuinucú en la provincia Sancti Spiritus; Avilés, Abreus y Paso Bonito en la provincia Cienfuegos, todos en la región Central y Pedroso en la provincia Habana de la región Occidental, de Cuba. El estudio se realizó durante las estaciones húmeda y seca, correspondiéndose con la estratificación y mezcla.

El estudio incluyó muestras mensuales de componentes físicos, químicos y bióticos del ecosistema acuático y se condujo desde 1987 hasta el 2006 con cierta continuidad.

En correspondencia con la geología imperante en Cuba, en la cual tiene una elevada representación el karso, fueron analizadas las aguas embalsadas en los embalses objeto de este estudio y sus resultados mostraron que todas las aguas son *bicarbonatadas* con diferencias en cuanto a los cationes disueltos, tales como Lebrije con el catión magnesio (Mg^{2+}) como predominante; en Higuanojo, Avilés, Abreus, Paso Bonito y Pedroso predominó el catión calcio (Ca^{2+}); en Zaza la dominancia fue compartida entre los cationes calcio (Ca^{2+}) y magnesio (Mg^{2+}) y Tuinucú tuvo dominancia absoluta del catión sodio (Na^{+}) evidenciando además, que en la región central las rocas volcánicas son las de mayor aporte en aquellos embalses relacionados con el macizo montañoso de Guamuhaya, en la región Central de Cuba.

Los embalses estudiados mostraron un gradiente en las concentraciones de nutrientes. Las concentraciones promedio anual de fósforo total fueron: 116, 86, 136, 111, 124, 35, 39 y 263 μgL^{-1} y las de nitrógeno inorgánico total: 253, 326, 250, 338, 310, 381, 357 y 1319 μgL^{-1} en Lebrije, Higuanojo, Zaza, Tuinucú, Avilés, Abreus, Paso Bonito y Pedroso respectivamente.

La biomasa del fitoplancton varió considerablemente entre los embalses y no fue solo correlacionada con el fósforo total sino también a la disponibilidad de luz. El promedio anual de clorofila “a” para todos los embalses fue: 11 - 1,6 - 4,4 - 3,2 - 8 - 24 - 10 y 44 μgL^{-1}, en Lebrije, Higuanojo, Zaza, Tuinucú, Avilés, Abreus, Paso Bonito y Pedroso respectivamente.

Se describen especies del grupo de las **Cyanoprocariotas** y de las **Dinophyceae** identificadas para Cuba en embalses de abasto, las primeras pueden aportar toxinas y olores desagradables.

Se calculó una relación entre la biomasa medida con el microscopio invertido y la medida mediante el análisis de la clorofila “a”, la cual alcanza entre 0,20 y 0,30 %.

Por el nivel trófico los embalses fueron clasificados como: eutróficos (Lebrije y Pedroso), meso-eutróficos (Avilés, Abreus), mesotróficos (Zaza y Tuinucú y Paso Bonito) y oligotróficos (Higuanojo). De acuerdo con su estatus térmico, los embalses fueron clasificados como monomícticos-cálidos (Lebrije, Higuanojo, Tuinucú, Avilés y Paso Bonito), polimícticos-cálidos (Abreus y Pedroso) y con condiciones alternas entre monomícticos y polimícticos-cálidos (Zaza).

Los nutrientes penetran a las aguas de los embalses a partir de las cuencas hidrográficas durante la estación húmeda y en periodos de precipitaciones aun en la estación seca, en ocasiones no disponibles para el desarrollo de la biota. Durante el periodo estratificado, los nutrientes orgánicos se descomponen en las capas profundas y anóxicas, por lo que se acumularon el fósforo inorgánico y el amonio en este estrato. Durante la mezcla, el amonio fue oxidado y el nitrógeno perdido hacia la atmósfera.

Se describen modelos matemáticos mediante un polinomio de grado tres $Tagua = a\,Taire + b\,Taire^2 + c\,Taire^3$ para las relaciones entre la temperatura del aire y del agua con una r > 0,8 y un nivel de significación $P_{0,01}$, para todos los embalses.

El nivel de eutrofización de los embalses estudiados de acuerdo con CEPIS (2001), permite agrupar los embalses en cuatro tipos: Oligotrófico (Higuanojo), Mesotróficos (Zaza, Tuinucú y Paso Bonito), Meso-Eutróficos (Avilés y Abreus) y Eutróficos (Lebrije y Pedroso).

La sedimentación representa uno de los problemas ambientales de mayor incidencia en Cuba, su estudio en 16 embalses de 10 provincias ha mostrado que estos embalses cubanos en 33 años de uso como promedio se han azolvado a un ritmo de 0,614 % anual con una pérdida total de almacenamiento equivalente al 19,7 % del volumen original. La producción de sedimentos en estos 16 embalses se determinó en un rango de 6,9 a 50,1 con un promedio de 29,1 t $ha^{-1}año^{-1}$.

TABLA DE CONTENIDOS

TABLAS

FIGURAS

Introducción

En su carácter de ecosistemas artificiales, los embalses ofrecen múltiples posibilidades de uso en sus diferentes zonas o porciones, como son las áreas inundadas, las riberas o costas del embalse, el cuerpo de agua del embalse propiamente dicho, las corrientes afluentes o tributarias y las interfases con los ecosistemas terrestres. Los estudios limnológicos constituyen la base del conocimiento científico sobre los cuerpos de aguas interiores (lagos o embalses de agua dulce), representan el producto de una ciencia organizada, la Limnología, que se encuentra en constante progreso desde hace más de cien años. Wetzel (1983) la describió como "el estudio de las relaciones funcionales y la productividad de las comunidades de agua dulce y, cómo ellas son reguladas por los ambientes físicos, químicos y bióticos".

La composición y la calidad de las aguas dulces dependen de un número de factores ambientales que incluyen la geología, la topografía, el clima, la ecología y la incidencia antrópica (Wetzel, 2001). Muchos de estos factores varían en diferentes escalas de tiempo, diaria o estacionalmente (Tundisi *et al.*, 2006).

Los embalses son una de las modificaciones más significativas que el hombre ha introducido en el ambiente en el último siglo y se consideran como ecosistemas acuáticos, de características atípicas que los diferencian de los ríos y lagos. A lo largo de la historia de la civilización, han proliferado de manera importante en todo el mundo (Granado *et al.*, 1996).

La creación de un embalse implica el cambio brusco de un ecosistema terrestre a uno acuático y al mismo tiempo el cambio de un ecosistema lótico a uno léntico. Después de la II Guerra Mundial se produjo un rápido incremento en la política hidráulica de construcción de embalses en todo el mundo, para diferentes usos.

En cuanto a la Limnología (Ecología Acuática), su desarrollo, tal como ocurre también con otras áreas del conocimiento, no ha sido homogéneo a nivel mundial, especialmente en la región latinoamericana. Entre las principales conclusiones que se desprenden de los avances de la limnología se enfatizan, según Hutchinson (1957, 1967), Vollenweider y Kerekes (1981), Margalef (1983), Tundisi (1983), Wetzel (1983), Lewis (1979), Tundisi (1990), Ryding y Rast (1992), Horne y Goldman (1994), Tundisi y Straskraba (1995) y Wetzel (2001), las siguientes:

- ✓ Los embalses no están aislados, sino que dependen de sus interacciones con la cuenca hidrográfica, y por ende, de la acción del hombre.
- ✓ Las respuestas de los cuerpos de agua a las actividades antrópicas son muy diversas, ya que están sujetas a múltiples factores.
- ✓ La reconocida complejidad de los ecosistemas acuáticos interiores debe ser fuente permanente de estudios analíticos, de síntesis y comparaciones.

- ✓ El manejo de estos ecosistemas acuáticos depende y dependerá del conocimiento de los principios del funcionamiento de estos y será sustentable sólo si se acomete de forma integrada, en el contexto de la cuenca hidrográfica.
- ✓ La importancia de los embalses en áreas tropicales insulares radica en la protección, en el control de inundaciones y el almacenamiento de agua favorecido por la frecuencia e intensidad de las precipitaciones.

La limnología de los embalses está estrechamente relacionada con factores tales como las principales variables meteorológicas (temperatura, velocidad y dirección de los vientos, precipitaciones y evaporación), las entradas de agua por los afluentes, las entregas de agua a los usuarios y la morfometría del embalse (Lind, 1984), además, por los tipos de suelo sobre los que se han construido.

Los principios de la Limnología están vinculados a menudo con la latitud geográfica, aunque esto no alcanza a extenderse a todos ellos, como ocurre con el comportamiento térmico de las aguas y su clasificación de acuerdo con estos conceptos (Lewis, 1996). La mencionada vinculación se basa fundamentalmente en los contrastes latitudinales que se han estudiado, tanto desde el punto de vista físico-geográfico, como climático. En este sentido, el estudio de los embalses reviste una importancia especial, pues aquéllos que están situados en las regiones tropicales se evidencian como los menos estables en cuanto a los procesos influenciados por la estructura térmica imperante en el área, ya que son especialmente vulnerables a los cambios en las características hidrológicas o en la calidad del agua (Lewis, 2000). Debido a la importancia de los embalses, en los trópicos se relaciona aún más estrechamente con la riqueza de los ríos (Tundisi, 1990; Straskraba y Tundisi, 1999) y con la geología del área de captación.

Los lagos y embalses tropicales muestran una gran variación a corto plazo en la biomasa del fitoplancton, su producción primaria y la biomasa del zooplancton, debido a cambios periódicos que tienen lugar durante la etapa de mezcla (Talling y Lemoalle, 1998). En los lagos y embalses tropicales, el potencial para la producción de biomasa del fitoplancton con una base de nutrientes dada, es superior en comparación con los embalses de climas templados y esto significa que en los climas tropicales los lagos y embalses son más sensibles a la eutrofización que en los climas templados.

El término *"eutrofización"* se utiliza ahora a menudo para caracterizar los efectos biológicos provocados en los ecosistemas acuáticos naturales por el incremento de las concentraciones de nutrientes para las plantas, típicamente de fósforo (***P***) y de nitrógeno (***N***) (Vollenweider y Kerekes, 1981; CEPIS, 2001). Desde el punto de vista científico, sin embargo, la eutrofización es también un proceso natural de productividad en un ambiente original, referida esta última a los procesos físico-químicos y biológicos que ocurren en ecosistemas acuáticos. Aún así, desde mediados del siglo XX la misma ha sido reconocida como un fenómeno cultural, o inducido por el hombre, y se ha registrado como un problema por la comunidad científica. Incluso, en muchas circunstancias, este problema de enriquecimiento excesivo de nutrientes se ha complicado por la falta de control sobre las fuentes que aportan los nutrientes (Lewis, 2000).

El archipiélago cubano, que se localiza entre los 19°51'-23°17' latitud norte, 74°08'-84°56' longitud oeste, en la porción más occidental del arco insular antillano, está formado por la Isla de Cuba, la Isla de la Juventud y otros 1.600 islas, cayos e islotes. La Isla de Cuba es una franja larga y estrecha de 109.886 km^2 de extensión, cuya parte más ancha mide 191 km y la más estrecha apenas 31 km (Nuñez-Jimenez, 1959; Acevedo, 1980; Com. Nac. Nomb. Geog., 2000; ONE, 2010). Posee 635 cuencas hidrográficas de extensión variable y ocupa una posición intermedia entre las zonas tropical y subtropical. Las peculiaridades de la red hidrográfica están determinadas por la existencia de dos períodos climáticos diferenciados (seco y húmedo). El invierno es moderado y seco, disminuyen las temperaturas y se incrementan los vientos, mientras que el verano es caliente y húmedo, con precipitaciones abundantes en dependencia de las condiciones climatológicas en el mar Caribe y están influenciadas por la ocurrencia de depresiones tropicales, por lo que la media histórica anual de la lluvia en el país es de 1.335 mm, mientras que en el 2004 la media anual fue de 952,3 mm y en el 2009 sólo 1.069 mm (ONE, 2009).

La escasez de lagos y los periodos secos prolongados, como consecuencia de la posición geográfica de la isla, los cambios climáticos y su configuración alargada y estrecha, con un parte agua central a todo lo largo del territorio, con ríos de poca longitud y caudal (la longitud del 80% de los ríos es inferior a 40 km) no garantizan el suministro estable del recurso agua durante todo el año, debido a lo cual fue necesario construir embalses, que ascienden a unos 1.100, de ellos 242 almacenan más de 3 hm^3 de agua y son considerados como presas, mientras los restantes se denominan micropresas, con una capacidad potencial de almacenaje que asciende a 8,84 km^3 de agua (INRH, 2001, 2005). La capacidad de agua embalsada en Cuba hasta 1959 era de 41,805 hm^3 y a partir de 1960 la misma se incrementó en 8'796,438 hm^3 (INRH, 2005), esta cifra fue alcanzada producto de la construcción de embalses en todo el país.

La construcción de embalses tiene efectos positivos y negativos, entre los primeros se señalan: la regulación de inundaciones, el abastecimiento de agua para la industria y el consumo humano, la agricultura (riego y desarrollo animal), la generación de electricidad, el desarrollo de actividades turístico recreativas, el hábitat para aves acuáticas, el desarrollo de la acuicultura extensiva e intensiva y los deportes náuticos.

Entre los negativos o adversos se destacan: el anegamiento de valles con alta productividad biológica, se destruyen hábitat terrestres, se provocan cambios bruscos en la biodiversidad local, se reducen los aportes de agua dulce, nutrientes y sedimentos a los ecosistemas marino-costeros disminuyendo su productividad, se modifica el régimen natural de circulación de las aguas, varían los parámetros físico-químicos del agua (salinidad, gases disueltos, temperatura, nutrientes) al cambiar de un ambiente lótico a otro léntico. Estos efectos exacerban el manejo inapropiado de los embalses y no se dispone de los conocimientos indispensables sobre los procesos físicos, químicos y biológicos que tienen lugar en estos cuerpos de agua.

El proceso de *estratificación térmica* ocurre anualmente en casi todos los embalses, tanto de países templados como tropicales y subtropicales. Es el proceso de formación de capas de diferente densidad como resultado de la variación de la temperatura del agua con la profundidad (Schorr, 1984) y tiene lugar en las estaciones de primavera y verano (época de elevadas temperaturas y abundantes precipitaciones). Esto impide la reacción convectiva de las capas más bajas, que suelen desoxigenarse rápidamente, lo cual afecta de manera negativa la calidad del agua, ya que la descomposición de la materia orgánica en ausencia de oxígeno libera ácido sulfhídrico (H_2S), metano (CH_2) y amonio ($N\text{-}NH_4$), este último se descompone en nitrato ($N\text{-}NO_3$) en presencia de oxígeno.

Esta desoxigenación reduce sustancialmente la capacidad del acuatorio para asimilar los desechos. La interacción de la temperatura, la densidad y el viento durante las diferentes estaciones del año produce una secuencia de modelos característicos en la estratificación térmica y la mezcla en los embalses (Talling, 1957,1963,1965a,1965b,1966).

No obstante, los gradientes verticales a corto plazo caracterizan el funcionamiento del embalse, cuando estos gradientes pudieran contribuir a la estratificación y los procesos dinámicos relacionados. Estos procesos son responsables de la redistribución de los nutrientes en lagos y embalses, y determinan la naturaleza e intensidad de los procesos biológicos y bioquímicos (Tundisi, 1983; Saraiva Cavalcante *et al.*, 2007).

Aunque en Cuba, después de la construcción de los embalses en el periodo revolucionario, el agua no es escasa como recurso, sin embargo, el volumen de agua aprovechable per cápita asciende a 1.220 $m^3hab^{-1}año^{-1}$ (García y Cantero, 2008) y el índice de disponibilidad específica de agua definido por WRI (1986) y Shiklomanov (1997,2000), tiene un valor entre 5.000 y 10.000 $m^3hab^{-1}año^{-1}$, lo que califica la disponibilidad de agua para el desarrollo como muy baja para Cuba. Todos los ríos fluyen a lo largo de cauces y desembocan en el mar, tanto hacia el Norte como al Sur. En estas condiciones la construcción de embalses ha sido la única solución para ajustar la demanda de agua a la irregularidad de los aportes que se producen en el clima tropical, donde prevalecen las precipitaciones que proveen de agua a los ríos y arroyos y por infiltración a través del sistema cársico hacia las aguas subterráneas. En la región centro-oriental del archipiélago es donde las construcciones de embalses se han desarrollado ampliamente, producto de las características geológicas que permiten el aprovechamiento de las aguas superficiales, no así hacia la región occidental donde se encuentra un gran desarrollo cársico que impide la construcción de grandes embalses.

No resulta exagerado, pues considerar que, con la cantidad de embalses construidos y la capacidad de almacenaje, es posible afirmar que Cuba, es un país de embalses. Esta afirmación, que indudablemente es obvia, adquiere importancia cuando consideramos que Cuba es el país insular caribeño con más embalses y que por tanto toda política de gestión del agua ha de tener presente a este tipo de ecosistemas acuáticos como tema preferente de actuación.

En Cuba, la limnología, no ha tenido un gran desarrollo, llevándose a cabo estudios de eutrofización y estratificación, llevando a cabo investigaciones con una continuidad adecuada. No obstante, se determina la calidad del agua desde el punto de vista de su utilización para el riego, que es en definitiva el mayor empleo que se hace del agua embalsada en el país y se lleva a cabo en unas 166 de estas obras. Al mismo tiempo, existen aproximadamente 76 embalses que se utilizan como fuentes de abasto para diferentes poblaciones.

Las problemáticas ambientales prioritarias de las aguas superficiales embalsadas de Cuba son: la eutrofización y la sedimentación de las aguas embalsadas. La primera no recibe atención periódica y en muchas ocasiones son desconocidas sus causas y consecuencias tanto para el funcionamiento del ecosistema como para la realización de disímiles actividades socioeconómicas, observando solo algunos efectos ya que muchos se encuentran en la escala microscópica con aportes a la interfase disuelta y realizando pocos controles para su atenuación y/o eliminación. Los principales efectos negativos y positivos se describen a continuación:

Efectos negativos: Las fuentes de emisión de nitrógeno y fósforo, tanto como los cambios climáticos tienen un serio impacto sobre la dinámica y el status trófico de un ecosistema acuático (Hamilton *et al.* 2002), afectando la calidad del agua. Esto resulta en un excesivo crecimiento de algas y es la mayor alteración de los ecosistemas acuáticos (Horne y Goldman 1994). Entre los más palpables se cuenta con un incremento inusual de las poblaciones de algas, fundamentalmente las ***Cianobacterias*** ya que provocan alteraciones por liberación de toxinas (neurotoxinas, hepatotoxinas, citotoxinas e ictiotoxinas) y además, afectan el sabor y olor de las aguas y la carne de los peces. Se afecta la recreación por contacto, pues las sustancias disueltas afectan la piel y el carácter estético de las aguas.

Proliferan las malezas acuáticas, principalmente las flotantes, aunque las emergentes y sumergidas (Tundisi *et al.*, 2006), afectan la operatividad del manejo del agua, aumentan la evapo-transpiración, en los canales de regadío el desarrollo de las macrófitas acuáticas y algas filamentosas, género ***Cladophora spp.*** Kütz**,** entorpecen las actividades de riego.

El incremento en la presencia de sulfuro de hidrógeno (H_2S) afecta el uso del agua para consumo humano y para regadío de algunos cultivos. Se producen concentraciones elevadas de Dióxido de Carbono (CO_2) el cual contribuye a corroer las tuberías, sobre todo en los sistemas de las hidroeléctricas. La ausencia de oxígeno disuelto provoca un régimen de reducción lo cual ocasiona que las aguas se tornen muy agresivas sobre todo para las estructuras de concreto (hormigón) y hierro, (Tundisi y Straskraba, 1995).

Incrementa el color del agua, se elevan las concentraciones de iones como el Fe, Mn, NO_2^- y NH_4^+ y disminuye la profundidad del epilimnion, capa productiva de los embalses. La incorporación de materia orgánica disuelta facilita la formación de compuestos trihalometanos, posterior a la cloración, de los cuales se conoce su capacidad cancerígena. La elevación del pH del agua interfiere con la floculación por sulfato de aluminio, lo cual provoca mayores gastos en los tratamientos de las aguas de consumo para la población.

Efectos positivos: El incremento de la población de peces o uso por la acuicultura, (Margalef, 1983; Lee y Jones 1991), requieren del control de las condiciones del medio, pues los peces contribuyen a eliminar una gran cantidad de materia orgánica por consumo directo de las algas si se utilizan las técnicas de cultivo extensivo adecuadas, sostienen un mayor rendimiento pesquero y las macrófitas acuáticas mantienen las zonas de desove y cría de alevines y juveniles.

La sedimentación como problemática ambiental prioritaria para Cuba, incluye el transporte de sedimentos y los procesos de sedimentación que se producen en los embalses. Como parte de su vida útil, no han sido objeto de atención periódica por las autoridades hidráulicas cubanas, debido quizás al periodo tan intenso de construcción de embalses que tuvo lugar entre 1962-2011 (49 años) periodo en el cual se completaron 228 obras hidráulicas de este tipo.

La sedimentación es el efecto que se produce producto de la erosión sobre la cual actúan diferentes factores, la geología, la geomorfología, los tipos de suelo, la cobertura vegetal, el uso de la tierra, la intensidad de las precipitaciones, el transporte de los sedimentos y finalmente su deposición en los embalses. La acumulación de sedimentos llega a reducir sustancialmente la capacidad de almacenaje de los embalses, partiendo del hecho fundamental que los embalses son definitivas trampas de sedimentos, por lo que en su lecho quedan la mayor parte de los materiales que son arrastrados por las aguas, flotando, en suspensión o disueltos (CSIC 2003).

A partir de las circunstancias descritas anteriormente, se caracteriza el comportamiento de los embalses por un conjunto de efectos que resultan de numerosas fuentes, presentes en las cuencas hidrográficas, así como por la geología, las precipitaciones, su intensidad y periodicidad y su incidencia en los procesos erosivos, la incidencia antrópica debida a la disposición de residuales sólidos y líquidos, tanto domésticos como industriales y agrícolas y la incidencia meteorológica, que se expresa por medio de la temperatura, la humedad relativa, la radiación solar y la intensidad y velocidad del viento. En consecuencia, con los aspectos abordados, para ejecutar la investigación se formuló la siguiente hipótesis de trabajo:

> *Conocer los procesos limnológicos, la eutrofización y la sedimentación en embalses de las regiones Central y Occidental de Cuba, constituyen una condición indispensable para el manejo y uso racional de estos ecosistemas y para el desarrollo sustentable de las actividades socioeconómicas que dependen de este recurso natural.*

Para verificar esta hipótesis se plantearon los siguientes objetivos:

General:

Investigar el comportamiento de las variables físicas, químicas y biológicas que determinan el proceso de eutrofización y sedimentación en los embalses cubanos causantes de la degradación de la calidad y cantidad de agua.

Específicos

a-Investigar las relaciones térmicas del aire con las aguas embalsadas y el ambiente trófico provocado por el medio circundante y la influencia antrópica.

b-Establecer interrelaciones entre los parámetros físicos, químicos y biológicos, de los embalses seleccionados en condiciones tropicales e insulares.

c-Determinar los niveles de sedimentación alcanzados en embalses cubanos.

La actualidad está dada por la importancia que reviste el estudio de los embalses como fuente de suministro de un recurso estratégico para el desarrollo socioeconómico del país. El documento constituye un estudio integral de los principales embalses de una de las regiones hidrográficas más importantes de país, que sirve de soporte científico para el manejo sostenible de estos territorios.

La novedad científica, consiste en que por primera vez se lleva a cabo un análisis integrado en varios embalses con cuencas hidrográficas funcionalmente diferentes en los aspectos geológicos, tróficos y con disímiles niveles ecológicos internos. La metodología utilizada, si bien se conoce en los países templados europeos es la primera vez que se aplica en condiciones de clima tropical insular.

Los aportes teórico metodológicos y prácticos se resumen de la forma siguiente: se trata de uno de los primeros estudios limnológicos integrales en el país y uno de los pocos en el Caribe insular, que al mismo tiempo constituye un aporte al conocimiento teórico a nivel mundial de los embalses tropicales, y para esto utiliza los conceptos definidos en la limnología como ciencia, para evaluar el comportamiento de los embalses.

Mediante el empleo de esta metodología integrada se pudo conocer los efectos ocasionados por múltiples presiones, a partir de las respuestas en varios niveles tróficos. Su orientación integrada constituye un importante complemento a otros enfoques más tradicionales, que se han basado en estudios de elementos y organismos, pero sin alcanzar una integración, sobre todo para conocer el comportamiento de los embalses en un clima tropical insular.

Reafirma la aplicabilidad de criterios, parámetros e intervalos de los sistemas de clasificación trófica para países tropicales. Además, reporta por primera vez algunas especies de fitoplancton tóxicas para el hombre y los animales en embalses de abasto, no descritas hasta el momento y su localización específica. La información obtenida, se considera como una línea-base para la realización de estudios comparativos con otras zonas del país, para la determinación del comportamiento de los embalses.

Los resultados científicos obtenidos constituyen una base fundamentada en estos principios, en los que figuran de modo esencial las relaciones que existen entre la temperatura del aire y la del agua, lo que permite la toma de decisiones y favorece por lo tanto el manejo eficiente de las aguas embalsadas en Cuba, de acuerdo al uso al cual están destinadas. Una parte de los resultados que se presentan en el documento, han sido incluidos en nueve artículos científicos publicados en revistas especializadas.

Los resultados obtenidos resultan de incuestionable interés práctico para el Programa Nacional de Cuencas Hidrográficas Priorizadas, destacando entre ellas las correspondientes a los embalses Zaza (uso: Agrícola) y Abreus (uso: abasto a industria y población) con lo que se mejorarán las medidas adoptadas para su ordenamiento territorial, protección y conservación de áreas boscosas, para el objetivo final, la calidad del agua embalsada de acuerdo al uso.

Las metodologías integradas, han sido utilizadas a nivel internacional, por lo que se ha aplicado la misma para obtener los resultados descritos, los que tributan al conocimiento general para el análisis posterior de embalses de otras regiones en el país.

El conocimiento del comportamiento ecológico de estos ecosistemas contribuye como complemento final del área de captación (cuenca hidrográfica) al Programa de Acción Nacional de Lucha contra la Desertificación y la Sequía en Cuba, el cual incluye el Proyecto de la Degradación de Tierras Secas (LADA) agrupados todos en el Programa de Asociación de País (CPP) denominado OP-15 del GEF/PNUD/FAO/PNUMA.

Las afectaciones provocadas por los cambios climáticos que se desarrollan a nivel global influirán en los ecosistemas acuáticos tanto por su incidencia en el comportamiento estacional natural como lo observado con la elevación de las temperaturas medias mínimas y máximas del aire.

Estos resultados sobre los embalses en general y en aquellos cuyo uso es el suministro de agua para la población, en particular (Lebrije, Abreus, Paso Bonito y Tuinucú), permitirán en su manejo extraer el agua de los niveles tróficos adecuados para disminuir el costo del tratamiento y garantizar un agua de calidad que cumpla con las normas cubanas e internacionales para el suministro a la población y la agricultura.

Los resultados limnológicos en este periodo de casi 20 años de trabajo en embalses, tributarán al conocimiento general para el análisis posterior de embalses de otras regiones en el país y, además, permiten también, el incremento y mejoras del cultivo acuícola extensivo.

REVISIÓN BIBLIOGRÁFICA

Los estudios llevados a cabo por Straskraba *et al.* (1969); Pérez-Eiriz (1973) y Pérez-Eiriz y Fresneda (1976), fueron completos desde el punto de vista limnológico; posteriormente (Pérez-Eiriz *et al.*, 1986; Pérez-Eiriz *et al.*, 1989a) se inclinaron hacia los estudios de los procesos bacterianos que se desarrollan en los embalses.

Para el estudio de la fotosíntesis a través de la determinación de la producción primaria bruta y neta, emplearon las técnicas de las botellas claras y oscuras en sus inicios y posteriormente la del carbono radiactivo (C^{14}) en las aguas embalsadas cubanas y los procesos microbiológicos de producción y destrucción de la materia orgánica que rigen el comportamiento de un acuatorio.

Se determinó que la intensidad de la fotosíntesis al mediodía durante una hora equivale a 1/11 (8,8%) del total diario (Pérez Eiriz *et al.*, 1989b), mientras que Hepher (1962) y Talling (1965) reportaron que la intensidad de la fotosíntesis para una hora al mediodía en condiciones tropicales, donde el día dura aproximadamente doce horas, era de 1/9 (11,1%) del valor diario.

Se determinó, además, que la distribución de las algas en la columna de agua es más o menos uniforme. Igualmente sobre los procesos microbiológicos se tuvieron muchos avances, pero en realidad, aunque se hizo una revisión de todos los trabajos realizados por los diferentes autores, no es posible hacer comentarios sobre los resultados, ya que no son objeto de este estudio; pero si se analizan los estudios realizados en cuanto al desarrollo bacteriológico en las aguas cubanas servirán como base para futuros trabajos que permitan adentrarse en el complejo mundo de la liberación de nutrientes que han sido arrastrados a partir de los suelos, en el periodo lluvioso y precipitados hacia el fondo, como es el caso del fósforo (P).

Con respecto al nitrógeno, interviene además de la fijación a partir de la atmósfera, el amonio producido durante la descomposición de la materia orgánica y la nitrificación y desnitrificación los cuales ocurren a diferentes niveles de la columna de agua (Pérez-Eiriz *et al.*, 1986; Pérez-Eiriz *et al.*, 1989b).

Los análisis del fitoplancton en un grupo de acuatorios estudiados, se utilizaron para describir su composición cualitativa (Straskraba *et al.*, 1969), pero siempre como un complemento del objetivo principal del estudio y en ocasiones determinaron la abundancia y biomasa, pero no se describieron los métodos utilizados, además de que tampoco fueron descritos los métodos de muestreo (Pérez-Eiriz, 1973; Pérez-Eiriz y Fresneda, 1976).

La estimación de la biomasa, por el método de determinación de la clorofila "a" no ha sido ampliamente utilizada excepto, Gómez Carro *et al.* (1990), a pesar de que el uso de la clorofila "a" ha sido empleado, como un índice del estado trófico y está basado en el hecho de que éste es normalmente el pigmento más abundante e importante en las células del fitoplancton, así las mediciones proveen un estimado conveniente de la biomasa del fitoplancton en los acuatorios (Vollenweider, 1969).

Anterior a las décadas 80s y 90s, ya la limnología se apoyaba en los términos de biomasa y aunque posterior a este periodo de trabajo por parte de estos investigadores, ellos no utilizaron los términos de biomasa, sin embargo, Ruttner (1963) señaló la importancia de utilizar la biomasa para la caracterización de un lago o embalse y sobre todo sus beneficios por sobre la abundancia y para su relación con el medio externo de la comunidad pelágica, sobre lo cual también se pronunciaron Wetzel y Likens (1991) y más recientemente Monteiro y Beyruth (1997) analizaron que para determinar la relación entre los diferentes niveles tróficos y la dominancia de las diferentes especies expresadas como biomasa, es necesario relacionar los diferentes organismos estudiados con las variables ambientales.

Beyruth y Tanaka (2000) concluyeron que el bio-volumen de las especies de fitoplancton fue utilizado desde que se demostró que este provee mas información acerca de su utilidad como alimento para los peces y que sobre el ambiente hacen el peso fresco y seco, el carbono orgánico o la concentración de pigmentos, esto es debido a que cada especie tiene un valor nutritivo específico y unos requerimientos ambientales. Así mismo Frost *et al.* (2000) señalaron que el conteo directo del fitoplancton y la determinación del bio-volumen son necesarios para conocer más detalles e información sobre las condiciones de un acuatorio.

Harvey (1934) propuso el método de comparación de color para determinar los pigmentos del fitoplancton como un indicador de su abundancia; posteriormente (casi 10 años después) otros autores obtuvieron las primeras mediciones de la clorofila en los lagos y la utilizaron como índice de la productividad. Las características de la clorofila “a” en los lagos y embalses han sido ampliamente utilizadas para propósitos de clasificación del estado trófico y modelos de eutrofización (US-EPA, 1974; UNESCO, 1978).

La concentración de clorofila "a" ha sido utilizada rutinariamente como la medida primaria de la biomasa del fitoplancton y para la normalización de los datos de su productividad (Jacobsen *et al.*, 1988). Tanto la clorofila como la biomasa del fitoplancton, son buenos indicadores para pronosticar las capturas de peces (Melack, 1976; Oglesby, 1977), pero este parámetro no fue utilizado para la clasificación aquí descrita.

Además de todo lo expresado anteriormente la clasificación de los niveles de eutrofización de un acuatorio cuenta normalmente con los valores promedio calculados de los parámetros claves tales como clorofila “a”, Fósforo Total, Nitrógeno Total y Transparencia (Disco Secchi), según lo expresaran Faafeng y Field (2000). También Tolotti y Cantonati (2000) clasificaron veinte lagos que estudiaron en Italia, como oligotróficos y ultra-oligotróficos debido a la concentración de clorofila encontrada, la cual estuvo en un intervalo de 0,1-2,8 $\mu g \cdot L^{-1}$.

El oxígeno fue analizado buscando una correlación con el comportamiento del acuatorio en las diferentes épocas del año, no solo en los tan mencionados periodos seco y lluvia, sino también destacando los procesos de estratificación térmica y mezcla que se producen en nuestros acuatorios en diferentes meses, los cuales son de importancia relevante para el comportamiento del embalse para el desarrollo de la comunidad pelágica del fitoplancton (Lewis, 2000).

Algunos investigadores tales como Rouen *et al.* (2000) concluyeron que los procesos en la comunidad del fitoplancton pueden estar relacionados con dos fuentes de variabilidad:

- La disponibilidad de recursos (nutrientes limitantes),
- La frecuencia e intensidad de alteración (la mezcla inducida por el viento).

Este concepto bi-dimensional del hábitat pelágico se ha comprobado que es lo suficientemente robusto para explicar muchas de las sucesiones estacionales reportadas en las aguas interiores, lagos/embalses de agua dulce (Lewis, 1996, 2000).

Moccia *et al.* (2000) en el lago Santa Croce localizado al norte de Italia (386 msnm, A = 7,8 Km^2, V = $147*10^6 m^3$ Z_{MAX} = 40 m y $\bar{z} = 18{,}8\ m$) concluyeron que la mezcla vertical, la disponibilidad de luz y los nutrientes, inciden directamente sobre la productividad y la composición taxonómica de las comunidades pelágicas.

Como parte de la revisión bibliográfica de la presente tesis (Laiz, 2002) se incorporaron los resultados publicados por diferentes grupos de investigadores cubanos sobre el tema del comportamiento de los embalses, en el documento se hace una síntesis de los estudios realizados en las diferentes épocas del desarrollo del conocimiento de esta ciencia, ampliando de esta forma el alcance obtenido por cada autor o grupo de autores a la Limnología en Cuba.

Las mediciones de oxígeno y temperatura son una de las posibles fuentes de variabilidad en la comunidad del fitoplancton (Rouen *et al.*, 2000). Este tipo de muestreo permite obtener mayor información de la columna de agua, al respecto Chalar y Tundisi (1999) señalaron que la estabilidad de la columna está establecida por el muestreo vertical de la temperatura y el oxígeno disuelto. La estabilidad relativa de la columna de agua fue calculada como la resistencia térmica relativa de acuerdo con Vallentyne (1957).

Los ecosistemas acuáticos lenticos, bajo ciertas tensiones y regímenes, presentan diferentes respuestas en sus variables físicas, químicas y biológicas. En el invierno tropical se produce una disminución de la radiación solar y de la temperatura del aire y se incrementa la velocidad del viento de 4-5 a 8-12 m seg^{-1} (Tundisi *et al.*, 2006).

Durante los frentes fríos, la mezcla ocurre, en los periodos más tranquilos. Las perturbaciones provocadas por la acción del viento, fuerza y dirección tienen efecto sobre la dinámica poblacional y la densidad del fitoplancton (Padisak, 1993), así como en la sucesión de especies (Reynolds, 1992; Lewis, 1996). El impacto de la mezcla sobre el crecimiento de las algas y su distribución vertical ha sido discutido por Imboden (1992), quien señaló que los nichos ecológicos en el ecosistema acuático y sobre todo en la zona pelágica, se producen por las variaciones en las estructuras temporal, vertical y horizontal de los procesos físicos.

Los gradientes climáticos latitudinales de gran importancia en la limnología están relacionados fundamentalmente con la irradiación solar, estos son de relevancia directa para la fotosíntesis, induciendo también, gradientes en la temperatura del agua y en las capas y mezclas en los lagos y embalses (Lewis, 2000).

Los gradientes latitudinales en la irradiación resultan de la curvatura e inclinación estacional del planeta (Gates, 1980: citado por Lewis, 2000). Estos factores geométricos provocan un decrecimiento progresivo en la irradiación total anual a partir del ecuador hacia latitudes superiores.

Los ecosistemas acuáticos localizados en climas tropicales son más eficientes en la producción de biomasa del fitoplancton, considerando una base de nutrientes; el nitrógeno puede convertirse en limitante alternándose con el fósforo, aunque esto último requiere un mayor estudio (Lewis, 2000).

El proceso de sedimentación de las muestras para el conteo de fitoplancton, utilizando el microscopio invertido, se lleva a cabo siguiendo los procedimientos descritos por varios autores (Utermöhl, 1958; Lund *et al.,* 1958; Willén, 1976). La sedimentación se prolonga por un tiempo equivalente a 24 horas, asumiendo que todos los organismos sedimentan un día después de la preparación de la muestra, esto según estos autores se aplica al fitoplancton de agua dulce preservado con una solución yodada, debido fundamentalmente al peso atómico del Yodo (I = 126,904).

Considerando que todos los embalses no se comportan igual, en cuanto a abundancia y biomasa, por tal motivo para cada ecosistema acuático es necesario emplear diferentes tipos de cámara, (cámaras de 1,5, 10 y 50 mL). El método para el cálculo de la biomasa se basa en el mejor ajuste de la morfología celular (Schwoerbel, 1970).

El calculo del bio-volumen celular promedio se establece por comparación de la forma de las algas con la correspondiente figura geométrica (Wetzel y Likens, 1991) y se llevan a cabo los cálculos matemáticos para obtener la biomasa, la cual es expresada como peso fresco (peso húmedo = **p.h.**) y se asume que el peso específico de cada especie de alga es unitario, por lo que la densidad es 1 $g{\cdot}cm^{-3}$.

El método de utilización de la abundancia para la caracterización de un acuatorio (embalse o lago) fue llevado a cabo en la primera mitad del siglo pasado por los limnólogos en el mundo y a partir de la década de los 70 la comunidad internacional decidió utilizar los valores de biomasa por considerar y demostrar que éste es un estimador mejor para caracterizar el agua embalsada (según lo describieron Ruttner, 1963; Wetzel y Likens, 1991), además, Frost *et al.*, 2000 señalaron que el conteo directo del fitoplancton y la determinación del bio-volumen son necesarios para conocer más detalles e información sobre las condiciones de un acuatorio. Sun y Liu, (2003) elaboraron formulas matemáticas de acuerdo con la morfología celular las cuales son útiles para la estimación de la biomasa.

Los embalses son importantes como ecosistemas artificiales (Tundisi, 1999) con múltiples posibilidades de uso en sus diferentes compartimientos que incluyen las áreas inundadas, el cuerpo de agua del embalse propiamente dicho, afluente ó tributario, y su inter-relación con los ecosistemas terrestres. Para la limnología los ecosistemas acuáticos poseen varios estratos o capas que se definen, según lo descrito por muchos autores (Wetzel, 1983; Margalef, 1983), en epilimnion, metalimnion e hipolimnion.

Naumann (1919) citado por Strobl *et al.* (2007) describió las diferentes categorías tróficas para clasificar los ecosistemas acuáticos de agua dulce, y los que citan detallaron que a pesar de lo caracterizado por estos autores, no expresaron las concentraciones exactas de nutrientes que describen cuantitativamente cada categoría trófica, más bien analizaron, los efectos de varias concentraciones del fitoplancton del lago, así como la transparencia. Décadas después, Mortimer (1942) proporcionó una explicación de los procesos que controlan el intercambio de substancias disueltas entre el agua del lago y el sedimento.

Betancourt *et al.* (2009a) realizaron un estudio en el embalse Paso Bonito en el periodo comprendido octubre-2006-noviembre-2007 en el que midieron la temperatura y oxígeno metro a metro en la zona más profunda del embalse, determinando que se comportó con una clasificación monomíctico-cálido. En este mismo periodo Betancourt *et al.* (2009b) ampliaron el estudio en el embalse Paso Bonito determinando los nutrientes presentes, al respecto los autores realizaron el análisis en muestras sin filtrar por lo que incluyeron tanto el contenido disuelto (inorgánico) como el orgánico (suspendido).

Las fuentes de fósforo que penetran en los embalses incluyen la carga externa de la cuenca y la carga interna a partir de los sedimentos (Cooke y Kennedy, 2001; Drenner *et al.*, 2005). Los lagos y embalses tienen características únicas y, como tal, pueden ser precisamente difíciles de clasificar. Vollenweider (1968) hizo un intento temprano para proporcionar una clasificación cuantitativa del estado trófico de los lagos y embalses con base a las concentraciones de fósforo (*P*) y de nitrógeno (*N*).

Basado en los resultados químicos de varios lagos regionales inspeccionados, se sugirieron cinco clases tentativas para su clasificación (Tabla 1). En este esquema, la clasificación de meso-eutrófico o superior sugiere que un lago está en el peligro de padecer exceso de nutrientes.

Tabla 1. Metodologías para clasificación de los embalses y distribución de probabilidades para clorofila "a" y fósforo total.

EN CLIMAS CALIDOS TROPICALES (SALAS & MARTINO, CEPIS 1990)

Clasificación	Clorofila "a" (mgm^{-3})			Fósforo Total (mgm^{-3})		
	Prom. Anual	(+) σ	(-) σ	Prom. Anual	(+) σ	(-) σ
OLIGOTROFICO	3,6	5,4	1,8	21,3	22,8	19,8
MESOTROFICO	6,7	8,4	5,0	39,6	41,0	38,2
EUTROFICO	17,4	19,2	15,6	118,7	120,8	116,6

EN CLIMAS TEMPLADOS (VOLLENWEIDER & KEREKES, OECD 1981,1982

Clasificación	Clorofila "a" (mgm^{-3})			Fósforo Total (mgm^{-3})		
	Prom. Anual	(+) σ	(-) σ	Prom. Anual	(+) σ	(-) σ
OLIGOTROFICO	1,7	2,6	0,8	8,0	9,7	6,3
MESOTROFICO	4,7	6,3	3,1	26,7	30,1	23,3
EUTROFICO	14,3	16,4	12,2	84,4	86,6	82,2

Clasificación	Nitrógeno Total (mgm^{-3})			Disco Secchi (m)
	Prom. Anual	(+) σ	(-) σ	Promedio Anual
OLIGOTROFICO	661	951	371	9,9
MESOTROFICO	753	1021	485	4,2
EUTROFICO	1875	2889	861	2,5

EN CLIMAS TEMPLADOS (VOLLENWEIDER 1968)

Clasificación Trófica	Fósforo Total (μgL^{-1})	Nitrógeno Inorgánico (μgL^{-1})
Ultra-Oligotrófico	< 5	< 200
Oligo-Mesotrófico	5-10	200-400
Meso-Eutrófico	10-30	300-650
Eu-Politrófico	30-100	500-1500
Politrófico	> 100	> 1500

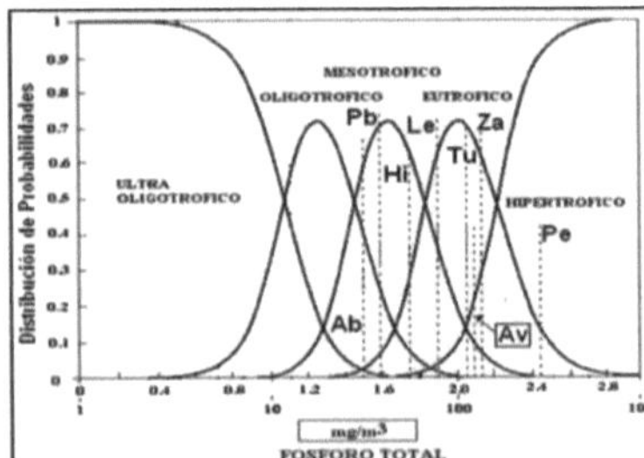

Distribucion de Probabilidad de Nivel Trofico de Lagos Calidos Tropicales Basado en Fosforo Total.
Adaptada de Vollenweider & Kerekes (1981) con datos de Lagos Cálidos Tropicales

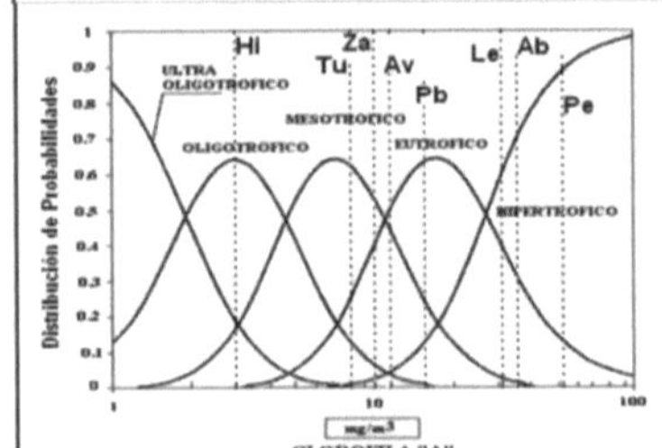

Distribucion de Probabilidad de Nivel Trofico de Lagos Calidos Tropicales Basado en Clorofila "a".
Adaptada de Vollenweider & Kerekes (1981) con datos de Lagos Cálidos Tropicales

Hi = Higuanojo; Tu = Tuinucú; Za = Zaza; Av = Avilés; Pb = Paso Bonito; Le = Lebrije; Ab = Abreus; Pe = Pedroso

Vollenweider y Kerekes (1981) comunicaron que sus sistemas de clasificación no pueden seguirse estrictamente, sugiriendo que otras variables importantes pudieran tener también un profundo efecto sobre la condición trófica de un lago; sin embargo, su esquema mantiene una pauta para el uso en la hidrologia aplicada.

El esquema de clasificación, ha sido desarrollado por la Organización para la Cooperación Económica y el Desarrollo (OECD, 1982) en su estudio de eutrofización internacional en los años setenta, hecho por Vollenweider y Kerekes (1981), no obstante, también incluyó otros parámetros, tales como los biológicos (Ej., clorofila-a), para clasificar el estado trófico de los lagos.

Los valores descritos por OECD (1982) para clima templado y por el Centro Panamericano de Ingeniería Sanitaria y Ciencias del Ambiente (CEPIS, 2001) para lagos y embalses de climas cálidos, y más recientemente Faafeng y Field (2000) determinaron que la clasificación de los niveles de eutrofización de estos ecosistemas acuáticos se estiman normalmente con los valores promedio calculados de los parámetros claves tales como clorofila "a", fósforo total, nitrógeno total y transparencia (disco Secchi) en la Tabla 1.

La sedimentación debe considerarse como un problema muy serio y debe estudiarse cuidadosamente. La retención neta de todos los materiales en suspensión que forman los sedimentos, dan lugar a la colmatación. En la actualidad, la colmatación de embalses es un problema ambiental de primer orden, en particular en países donde la erosión potencial y la real, afectan con intensidad a un buen número de ríos regulados por diques o presas (Tan 1994).

Los embalses acumulan durante toda su vida útil, sedimentos, los cuales culminan con su azolvamiento. El sedimento transportado por un río se puede dividir en sedimento en suspensión (arcillas, limos y arenas) y carga de fondo (arenas, gravas y cantos). La carga de fondo, aunque representa un porcentaje generalmente bajo en el total del sedimento transportado, es la responsable del mantenimiento de la estructura morfológica del cauce y de las zonas de ribera en ríos de gravas y/o arenas (Kondolf, 1997).

Ciertamente las consecuencias ambientales de la colmatación de embalses van más allá de la regresión de deltas o las pérdidas de volumen embalsado, ya que afectan o pueden afectar al funcionamiento general de los embalses como ecosistemas acuáticos (Palau, 2004).

Churchill (1948), Brown (1948); Brune (1953), Borland & Miller (1958) entre otros, estudiaron los procesos de deposición de sedimentos, para el Buró de Reclamación de Estados Unidos (Bureau of Reclamation 1989), así como, examinaron los métodos, tanto empíricos como numéricos, de estimación de esta deposición a largo plazo en los embalses. Abordaron la gestión de los embalses, haciendo hincapié en la posibilidad de preservar su capacidad para su uso en el futuro y realizaron estudios de casos reales mostrando los problemas relacionados con la sedimentación en los embalses.

Las medidas de control han consistido en la remoción de sedimentos la que puede llegar a convertirse en una vía efectiva para aumentar la capacidad de almacenaje de los embalses. Los materiales retirados de las colas de embalses en épocas de bajo nivel de agua, pueden representar productos aptos para la construcción (gravas, gravillas, arenas), si los accesos son fáciles y las cantidades acumuladas importantes, se evitan aperturas de nuevas vías hacia tramos del río que sean susceptibles de valores de conservación mayores.

La extracción de sedimentos del vaso de embalse, es una actuación que admite varias opciones desde el sifonado o aspiración de sedimentos (hidro-succión) hasta el dragado y la excavación (UNESCO, 1983).

Los sedimentos procedentes de las cuencas de drenaje son retenidos en su gran mayoría en los vasos de los embalses dando lugar a la pérdida de su capacidad de almacenaje, pasando por un buen número de consecuencias limnológicas quizás no tan evidentes, pero no por ello menos importantes, como es la alternación de la pendiente longitudinal del cauce, la formación de humedales, la limitación del uso recreativo de los embalses o la propensión a la eutrofia.

MATERIALES Y MÉTODOS

Área de estudio

Se estudiaron ocho embalses, siete localizados en la región central del archipiélago cubano, en las provincias de Sancti Spiritus y Cienfuegos, y uno en la región occidental, en la provincia de La Habana (actual Mayabeque). Estos estudios limnológicos fueron llevados a cabo en los embalses Lebrije (1987-1989), Higuanojo (1988-1989), Zaza y Tuinucú (1989), Avilés (1991-1993), Abreus (1993-1994-2006), Paso Bonito (2006) y Pedroso (2003) (Figura 1).

La selección de los embalses se llevó a cabo durante el proyecto de ecología desarrollado por la agencia sueca SAREC (Swedish Agency for Research Cooperation with Developing Countries) de 1984 a 1991, en el cual, entre otras instituciones, participó el Instituto de Limnología de la Universidad de Uppsala, Suecia.

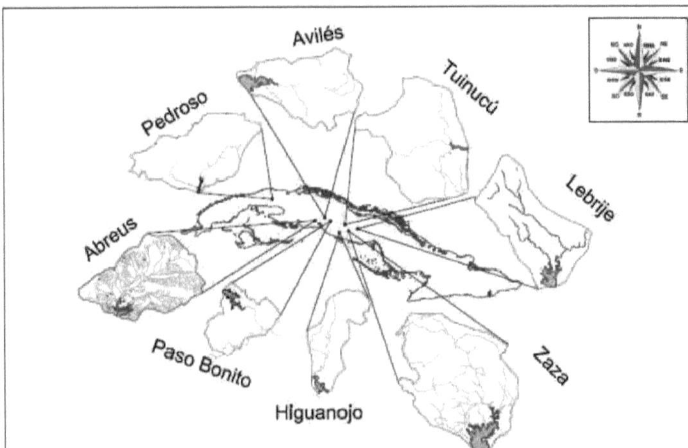

Figura 1. Localización de los embalses objeto de estudio: Lebrije, Higuanojo, Zaza y Tuinucú provincia Sancti Spiritus; Avilés, Abreus y Paso Bonito provincia Cienfuegos y Pedroso provincia Mayabeque.

Se estudiaron los parámetros morfométricos (Tabla 2) fundamentales de los embalses y sus cuencas hidrográficas y los gráficos de llenado de los embalses Lebrije, Higuanojo, Zaza, Tuinucú, Avilés, Abreus, Paso Bonito y Pedroso (Fig. 2) (INRH, 2005). Se analizaron los parámetros meteorológicos de las estaciones localizadas para el control meteorológico de cada uno de ellos (Tabla 3).

Métodos de muestreo utilizados

En este estudio el muestreo fue realizado mensualmente (Lebrije febrero 1987 a diciembre 1989], Higuanojo [febrero 1988 a diciembre 1989], Zaza [enero a diciembre 1989] y Tuinucú [enero a diciembre 1989]), aunque en ocasiones a intervalos mayores, producto de la incorporación tardía en el desarrollo del proyecto SAREC.

Tabla 2. Parámetros morfométricos de los embalses Lebrije, Higuanojo, Zaza y Tuinucu, provincia Sancti Spiritus; Avilés, Abreus y Paso Bonito, provincia Cienfuegos y Pedroso provincia Habana. (INRH 2005).

Parámetros	*Unidad*	*Lebrije*	*Higuanojo*	*Zaza*	*Tuinucu*	*Avilés*	*Abreus*	*Paso Bonito*	*Pedroso*
Años de Estudio	año	1987-1989	1988-1989	1989	1989	1991-1992-1993	1994-1995-2006	2006	2004
Fecha de Explotación (Fe)	año	1970	1980	1972	1988	1980	1986	1974	1976
Años de Explotación	año	39	29	37	21	29	23	35	33
Latitud Norte (Ln)	-	22° 1' 15"	21° 46' 28"	21° 47' 52"	22° 1' 6"	22° 10' 18"	22° 17' 03"	22° 07' 49"	22° 52' 46"
Longitud Oeste (Lo)	-	79° 9' 49"	79° 40' 7"	79° 4' 28"	79° 32' 11"	80° 11' 06"	80° 33' 31"	80° 09' 08"	82° 00' 19"
Área de la Cuenca (Ac)	Km^2	216	80	2413	193	310	1075	65,9	535
Altitud (A)(*)	msnm	104,4	60	39	115	77	10	84,5	76
Área del Embalse (*) (Ae)	Km^2	11,9	2,78	113,5	6	19,0	10	1,25	2,68
Volumen (*) (Ve)	Hm^3	128	24,4	1020	57	190	50	8	4,87
Volumen Útil	Hm^3	79,0	23,4	930	55,6	122	42,5	6,3	3,2
Profundidad Máxima (Zmax)	m	30	30	32	44	34	10	17,2	14
Profundidad Media (z)	m	10,6	8,7	8,9	9,5	10,0	6,4	5	1,8
Profundidad Relativa (Zr)	%	0,8	1,6	0,3	1,6	0,7	0,28	1,55	0,8
Línea de la Costa (L)	Km	25	20,7	254,8	45	37,83	28,82	4,728	22,78
Tiempo de Residencia (t)	años	1,4-1,5	1,4-1,5	1,0-1,1	2,0-2,5	2,0-2,5	1,0-1,5	0,75-0,5	0,05
Escurrimiento Medio Anual (Fa)	Hm^3	89,6	21,9	674	85	99	345	37,6	184
Relación z : Zmax (Rp)	-	0,36	0,29	0,28	0,22	0,29	0,64	0,29	0,13
Desarrollo de la Línea Costera (DL)	-	2,04	3,50	6,75	5,18	2,45	2,57	1,19	3,92
Ae/Ve	m^2m^3	0,09	0,11	0,11	0,11	0,10	0,20	0,16	0,55
Ac/Ve	m^2m^3	1,69	3,28	2,37	3,39	1,6	21,5	8,2	109,9
Ac/Ae	-	18,2	28,8	21,3	32,2	16,3	107,5	52,7	199,6

(*) = Corresponde al Nivel de Aguas Normales o de Operación

En Cienfuegos se realizaron estudios en los embalses Avilés (septiembre a diciembre 1991; octubre a diciembre 1992 y febrero a julio 1993), Abreus (noviembre a diciembre 1993; febrero-marzo 1994; mayo a septiembre 2006), Paso Bonito (mayo a septiembre 2006). En la provincia Habana fue analizado el embalse Pedroso (febrero a junio 2003). Se analizaron 54 meses-embalses correspondientes a la estación seca (inicio y mezcla) y 65 meses-embalses de la estación húmeda (inicio y estratificación).

Las estaciones de muestreo para los análisis químicos, físicos y biológicos se localizaron en casi todos los casos frente a la presa en cuestión y cerca de la obra de toma (Lebrije, Higuanojo, Tuinucú, Avilés, Abreus, Paso Bonito y Pedroso), según lo descrito por Armengol (1980) y Lind (1984) los cuales demostraron que la estación más profunda que se localice frente a la cortina de la presa del embalse, es la zona más representativa de las condiciones del acuatorio y que las variaciones espaciales están reducidas al simple gradiente axial, producido por un movimiento unidireccional del agua desde las entradas hacia la presa.

Lo descrito hasta arriba, provoca un gradiente del estado trófico debido a que los nutrientes se remueven por la actividad biológica y/o la precipitación inorgánica a lo largo del eje. Lo que apoya el concepto de utilizar la estación más profunda de cada acuatorio.

En el caso del embalse Zaza, siguiendo estos mismos principios, se decidió localizar dicha estación, distanciada de la cortina, en la zona de mayor profundidad posterior a la entrada de los afluentes, este método fue el utilizado por el consultor de limnología del proyecto PNUD/FAO/CUB/81/004, miembro del colectivo del Dr. R. Margalef (Universidad de Barcelona, España) (L. Alvarez-Lajonchere, *comunicación personal*).

En todos los embalses, se tomaron muestras verticales compuestas e integradas (APHA, 1989) en intervalos de 4 metros, para los análisis físicos, químicos y biológicos de las aguas embalsadas, utilizando un muestreador vertical tubular de 2 m de largo y 2 L de capacidad (Fig. 3), diseñado por especialistas suecos del Instituto de Limnología de Uppsala (Laiz *et al.*, 1994). Se obtuvieron muestras de agua, 12 L por cada intervalo de 2 m que se acumularon en un recipiente plástico (balde). En Abreus y Pedroso los intervalos de muestreo solo alcanzaron 2 m para cada muestra (debido a su profundidad), para el resto de los embalses los intervalos se ampliaron hasta 4 m cada muestra. En todos se continuó el método de muestreo descrito hasta el fondo. En todos los embalses se hicieron las mediciones de temperatura (precisión 0,1 °C) y oxígeno cada 1 m en cada estación.

La transparencia fue medida utilizando un disco Secchi cuyo diámetro fue de 20 cm (Hamel, 2000; Acorn Naturalists, 2001; Rust y McArthur, 2001).

Tabla 3. Parámetros meteorológicos promedio: velocidad del viento (m seg^{-1}), temperatura del aire: seca y húmeda (°C), humedad relativa (%); mensual: horas sol (horas) y anual: precipitaciones, evaporación (mm) y radiación solar (mJ m^{-2}día^{-1})* de los embalses estudiados, en el periodo 1987-2006

Embalses	Periodo	Velocidad Viento	Horas Sol	Temp. Aire Seca	Temp. Aire Húmeda	Humedad Relativa	Precip. Anual	Evapor. Anual	Radiac. Solar
		m seg^{-1}	Mensual	°C	°C	%	mm	mm	mJ m^{-2}día^{-1}
	1987	5,1	234,3	25,5	22,7	83,7	1324,0	1997,0	18,2
Lebrije	1988	4,8	230,0	25,4	22,8	85	1824	1832	17,7
	1989	4,9	235,0	25,6	23,3	87	1296	1956	18,5
Higuanojo	1988	6,5	244,0	26,0	22,9	82,9	1973	1226	19,5
	1989	6,1	248,8	26,1	22,8	81,1	1939	1924	20,1
Zaza	1989	5,0	234,6	25,4	22,4	82,6	1939	1240	19,4
Tuinucú	1989	2,9	231,2	24,4	21,5	84,0	1326	1577	18,5
Avilés	1991-1992-1993	1,5	235,2	23,6	-	81,3	-	1642,3	17,8
Abreus	1993-1994-2006	6,1	250,5	24,7	-	80,2	1271,9	1678,9	20,1
Paso Bonito	2006	5,5	-	23,3	21,4	81	1150,9	1591,6	21,2
Pedroso	2003	-	-	-	-	-	1145,8	1258,1	19,9

* Información suministrada por el Instituto de Meteorología (INSMET) para las diferentes regiones.

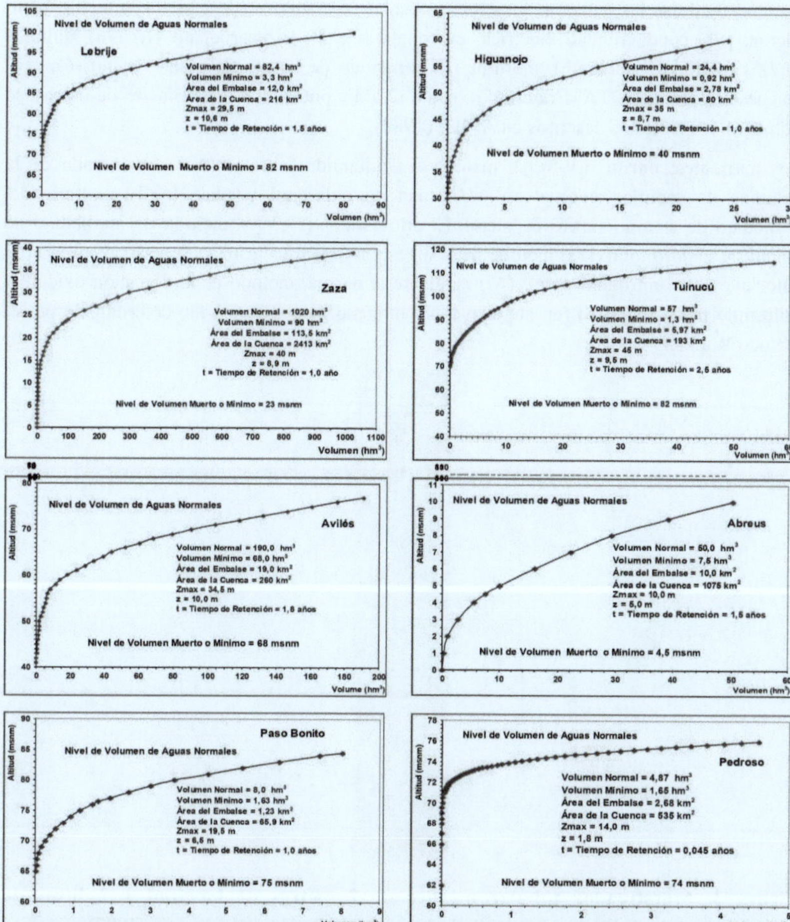

Figura 2. Gráficos altitud (msnm) - volumen (hm^3) de los embalses Lebrije, Higuanojo, Zaza y Tuinucú, provincia Sancti Spiritus, Avilés, Abreus y Paso Bonito provincia Cienfuegos y Pedroso provincia Habana.

Métodos de análisis

Las determinaciones químicas que indican mineralización fueron llevadas a cabo en Lebrije, Higuanojo, Zaza y Tuinucú, se corresponden con estratos o niveles de superficie, medio y fondo de acuerdo con la profundidad de cada embalse; en Avilés, Abreus, Paso

Bonito y Pedroso las muestras fueron examinadas en estratos cada 2 m y 4 m y en general fueron: *pH*, conductividad eléctrica, carbonato (CO_3^{2-}) y bicarbonato (HCO_3^-), sulfatos (SO_4^{2-}) (método Mackereth), cloruros (Cl^-) (método de nitrato de plata), calcio (Ca^{2+}) y magnesio (Mg^{2+}) (EDTA+Eriocromo), sodio (Na^+) y potasio (K^+) (fotómetro de llama), se utilizaron los métodos descritos en APHA (1989).

Los nutrientes: nitrito[1] ($N\text{-}NO_2$), método sulfanilamida; nitrato[1] ($N\text{-}NO_3$), método de la columna de cadmio; amonio[1] ($N\text{-}NH_4$), método indofenol y sílice (SiO_2), método del molibdato de amonio-sulfito de metol. El ortofosfato[1] ($P\text{-}PO_4$), método del molibdato de amonio y fósforo total[1] (*Pt*) método de la digestión oxidativa utilizando peroxidisulfato (en autoclave), y el nitrógeno total[1] (*Nt*) mediante la norma, método de la digestión oxidativa utilizando peroxidisulfato (en autoclave). El oxígeno disuelto (O_2) fue determinado por el método Winkler.

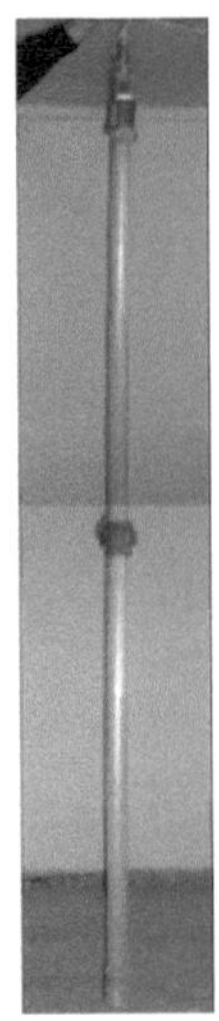

Figura 3. Muestreador tubular plástico de 2 metros de longitud y 2 litros de capacidad, elaborado en el Instituto de Limnología de Uppsala, Suecia (1987).

Los análisis de clorofila (UNESCO, 1978) fueron conducidos por el método de la extracción con acetona (90%), posteriormente se empleó el método del etanol absoluto (90%) (Nusch, 1980; ISO, 1992), ya que se estimó su equivalencia técnica y la mayor

[1] Éstos métodos fueron descritos años mas tarde como normas Europeas e ISO que describimos a continuación: nitrito (EN-26777:1993) nitrato (EN-ISO-13395:1996), amonio (EN-ISO-11732:1997), nitrógeno total (EN-ISO-11905-1:1998), ortofosfato y fósforo total (EN-1189:1996)

facilidad práctica de este último, con el objetivo de comparar los resultados y analizar sus correlaciones con otros parámetros medidos.

A los frascos para análisis de fitoplancton obtenidos en el muestreo se añadió el volumen de solución lugol acidificada utilizada para fijar y preservar (APHA, 1989). El fitoplancton fue analizado por el método del microscopio invertido, método de Utermöhl o de sedimentación (Utermöhl, 1931,1932).

Para este estudio fue elaborado un programa de computación (*software*) que permite calcular la biomasa y otros aspectos importantes para la Limnología (Laiz *et al.*, 1998; Laiz y Pérez, 2003).

La taxonomía de las especies descritas en este estudio fue consultada con los especialistas Dr. Gertrud Cronberg (Instituto de Limnología, Universidad de Lund, Suecia) y Dr. Kuno Thomasson (Instituto de Biología de las Plantas, Universidad de Uppsala, Suecia) y el Dr. Augusto Comas (Laboratorio de Algas, Jardín Botánico Cienfuegos, Ministerio de Ciencia, Tecnología y Medio Ambiente), este último colaboró con sus oportunas recomendaciones en la sistemática para las aguas cubanas.

Clasificación Hidroquímica de las aguas

Las aguas de los embalses fueron clasificadas utilizando los criterios químico-físicos basados en el contenido de los iones más abundantes (Catalán, 1988; García, 1988; Fagundo y González, 2005), con estos criterios de análisis se utilizó la clasificación de Alekine.

Este método toma en cuenta los tres aniones más importantes: $HCO_3^- + CO_3^{2-}$, Cl^- y SO_4^{2-}. A su vez cada clase se divide en tres grupos, según el catión que predomine (Ca^{2+}, Mg^{2+} o Na^+) (Fagundo y González, 2005).

Sedimentación

La metodología utilizada es la internacional para estos fines (Soler, 2001a; Laiz y Flores, 2007a; Mosa *et al.*, 2009), o sea, con un espaciamiento determinado entre transectos, se recorre el embalse y se obtienen las mediciones necesarias las cuales se ajustan, obteniéndose en secciones transversales la representación del fondo del embalse logrando por la aplicación de modelos 3D en un sistema de información geográfico (GIS) se logra conocer la cantidad de sedimentos depositados en el periodo desde su construcción, estimándose posteriormente por modelación matemática las áreas y volúmenes de acuerdo con las diferentes elevaciones desde el cauce del lecho de la presa hasta el nivel de aguas normales de operación. A continuación, se describe el proceso por etapas:

Recorrido de rutas de navegación prefijadas; navegación de todo el espejo de agua, registro de las coordenadas y profundidades con intervalos regulares entre transectos (extensión del embalse), utilizando una ecosonda y el GPS; procesamiento y análisis de los datos colectados; generación de un MDP (modelo digital de profundidades) - por interpolación (kriging, distancia inversa, red irregular de triángulos [TIN]), a partir de los datos de campo; estimación de las ecuaciones matemáticas a partir de las elevaciones de superficie original y actual; cálculo de los volúmenes almacenados a partir de las superficies ocupadas por cada una de las elevaciones.

Las elevaciones extremas consideradas son: la normal como el nivel de operación del embalse; la mínima considerada como volumen muerto, en la cual el agua requiere de bombeo para extraerse; la máxima corresponde al nivel alcanzado cuando supera el nivel de operación.

Métodos estadísticos

Fueron calculados los parámetros estadísticos fundamentales, media, desviación estándar, coeficiente de variación, y fue comprobada la normalidad de los datos obtenidos, así como se obtuvieron correlaciones en cada embalse para una probabilidad $P_{0,05}$ y $P_{0,01}$ entre lineales y polinomiales de diferentes grados entre la temperatura del aire y el agua; además, correlaciones que caracterizan la transparencia y la biomasa, y la clorofila con el oxígeno disuelto (Sigma Stat 3.1, Systat, Software Inc. Point Richmont, Ca, E.E.U.U.).

CARACTERÍSTICAS GEOLÓGICAS DE LAS CUENCAS HIDROGRÁFICAS

Los embalses objeto de estudio fueron diseñados y construidos para diferentes usos: Lebrije, suministro de agua para el procesamiento industrial del papel y la dilución de los residuales que generaban la industria del papel ("Panchito Gómez Toro") y el Combinado Agrícola e Industrial ("Uruguay"), el abasto a poblaciones (Jatibonico del Sur), provincia Sancti Spiritus; Zaza, Higuanojo, provincia Sancti Spiritus, Avilés, provincia Cienfuegos y Pedroso, provincia Mayabeque, irrigación de diferentes áreas agrícolas con caña de azúcar, arroz y cultivos varios; Tuinucú (provincia Sancti Spiritus), Abreus y Paso Bonito (provincia Cienfuegos), suministro de agua a poblaciones, (Laíz y Blomqvist, 1986, 1990; Laíz *et al.*, 1993,1993b,1993c,1993d, 1994; Laiz, 2002; Laiz, 2007b).

Las investigaciones comenzaron en 1986 en la provincia de Sancti Spiritus en cuatro de sus principales embalses (Lebrije, Higuanojo, Zaza y Tuinucú), localizados en el centro y el sur de la provincia y posteriormente se continuaron en Cienfuegos, en los embalses Avilés, Abreus y Paso Bonito, localizados también en la parte central y sur de dicha provincia, así como en la región central de la provincia Mayabeque (Derivadora Pedroso) (Figura 1).

Descripción geológica

Desde los albores del siglo XX hasta sus finales el rasgo mas característico de los avances en las ciencias particulares ha sido el interés creciente por las áreas fronterizas entre las mismas, lo cual origina diversos fenómenos en cada ciencia en particular. Esto no es más que una consecuencia del incremento del conocimiento alcanzado por el hombre, de los fenómenos naturales, su esencia fundamental, lo que ha posibilitado el origen de ramas de estas ciencias con sus métodos y problemas específicos. Por este motivo estas ramas alcanzan un nivel de desarrollo facilitando su nuevo nombre, aunque en la realidad la naturaleza no establece líneas limítrofes entre ellas, por lo que se establecen como un todo.

Con este preámbulo llegamos a la necesidad de conocer la importancia de la geología y la química y como los fenómenos físicos ocasionan cambios en éstas, por lo que surgen ciencias como la geoquímica (Rankama y Sahama, 1962) y la hidro-geoquímica, la cual engloba su interacción con el agua, su composición y origen.

La constitución geológica de la región central, en la que se localizan siete de los ocho embalses objeto de estudio en esta tesis, se encuentran una de las rocas más antiguas del archipiélago Cubano, en el macizo montañoso de Guamuhaya, emergidas en el Cretácico Medio (135-70 Ma[♠]), las cuales permanecieron emergidas desde entonces y no han sufrido grandes cambios, solo han sido erosionadas dando origen a la densa red de drenaje fluvial de la región, así como la formación de espesores de sedimentos terrígenos.

Por lo que la geología está compuesta por formaciones terrígenas, ígneas y vulcanógenas con escasas áreas carbonatadas, las cuales limitan el desarrollo del carso y que no haya ocurrido en la misma intensidad como hacia las provincias occidentales y la porción central

[♠] (Ma = millones de años) Iturralde, 1984

aledaña hoy ocupada por la actual provincia de Ciego de Ávila. Esto permitió que las cuencas superficiales fueran estables y abundantes y tienen su origen en rocas impermeables.

Tanto en la porción occidental como en la oriental del macizo se desarrollaron cuencas fluviales tales como la del río Damují al oeste y la del río Zaza al este (Iturralde *et al.*, 2009; R. Gutiérrez y E. Flores *comunicación personal*-IGP). Debido a las características regionales expuestas se construyeron algunos embalses de grandes profundidades y volúmenes, entre ellos el de mayor capacidad de almacenaje del país (Zaza = 1.020 hm^3).

En la región hay una capacidad de embalses equivalente a 2.646,6 hm^3 lo que representa el 30% del volumen total de agua embalsada del país. El embalse Pedroso, localizado en una región eminentemente cársica, construido en el cauce fluvial del río Mayabeque, este ecosistema lótico es uno de los pocos que existen en la región occidental y que desembocan en el mar, donde, además, ocurrió un proceso similar al acontecido en la región central.

La geología del área es compleja, destacándose fundamentalmente el lecho de rocas más antiguo de las montañas del Escambray, en lo adelante se describen los principales complejos litológicos de las cuencas estudiadas.

En ***Lebrije***[1] (Figura 4), el área que ocupa la cuenca tributaria al embalse se caracteriza por presentar cuatro complejos litológicos que son:

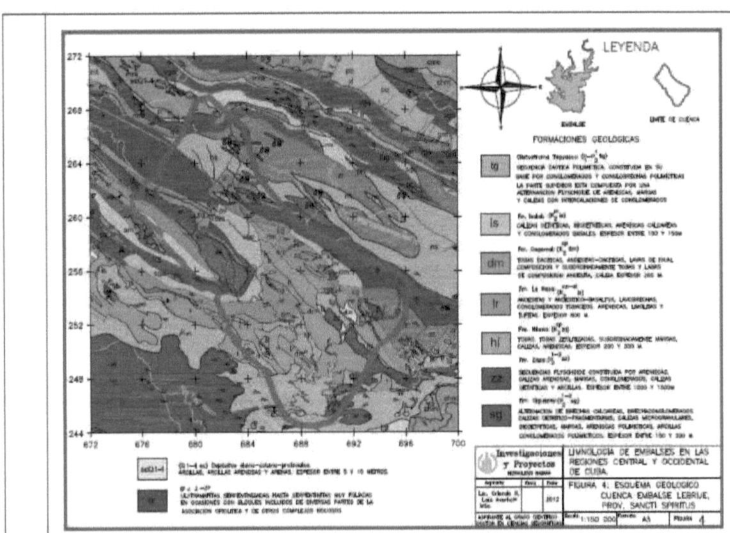

Figura 4.- Cuenca hidrográfica y Geología del embalse Lebrije, provincia Sancti Spiritus

[1] IGP 2013

- Complejo Carbonatado, representado por las Fm. Isabel (***K_2***), Provincial (***K_1 -K_2***) y Veloz (***J_3– K_1***), en las cuales predominan las secuencias de rocas calizas.

- Complejo Clástico, integrado por las Fm. Zaza (***P_2^{1-2}***) y Taguasco (***P_1^1 – P_2***); predominan la secuencia flychoide constituida por areniscas, calizas arenosas y margas.

- Complejo Vulcanógenos, integrado por la Fm. Cabaiguán (***K_1***), Hilario (***K_2***) y Dagamal (***K_2***), son secuencias de tobas, tufitas, areniscas, limonitas, tobas zeolitizadas, subordinadamente margas, calizas areniscas.

- Complejo de rocas Ultra básica, compuesto por la Fm. La Rana (***K_2***) y cuerpos de rocas ultra básicas (***J_2-K_1***), predominan los basaltos, andesitas, las granodioritas.

En el embalse ***<u>Higuanojo</u>***[1] (Figura 5), el área de su cuenca se caracteriza por presentar tres complejos litológicos que son:

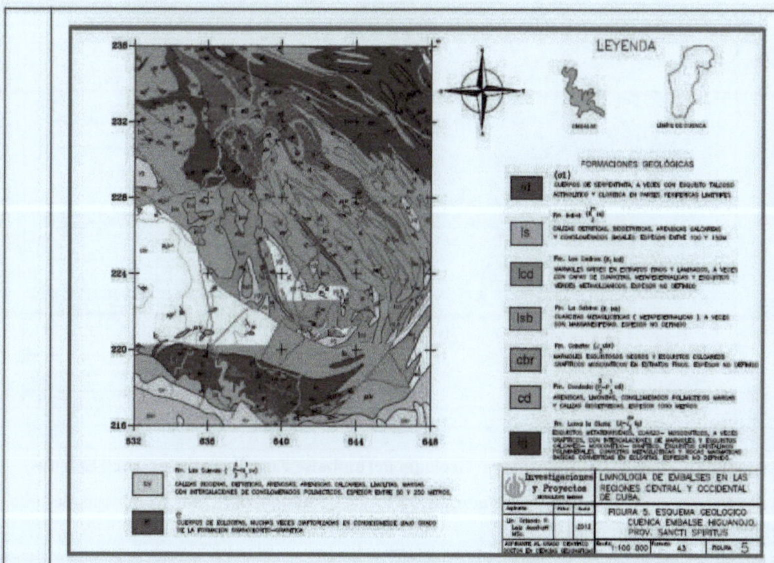

Figura 5.- Cuenca hidrográfica y Geología del embalse Higuanojo, provincia Sancti Spiritus

- Complejo de rocas Ultra básica, compuesto por la Fm. La Rana (***K_2***) y cuerpos de rocas ultra básicas (***J_2-K_1***), predominan los basaltos, andesitas, las granodioritas.

- Complejo Vulcanógeno, representado por cuerpos de meta-volcanitas básicas.

El área de la cuenca del embalse ***Zaza***[1] (Figura 6), se caracteriza por presentar cuatro complejos litológicos que son:

- Complejo Carbonatado, representado por las Fm. Isabel (K_2), Provincial (K_1 -K_2) y Veloz ($J_3 - K_1$), en las cuales predominan las secuencias de rocas calizas.

- Complejo Clástico, integrado por las Fm. Lagunitas ($P_3{}^2\ N_1{}^1$), Arroyo Blanco ($P_2{}^{2-3}$), Zaza ($P_2{}^{1-2}$) y Taguasco ($P_1{}^1$ – P_2); predominan la secuencia flychoide constituida por areniscas, calizas arenosas y margas.

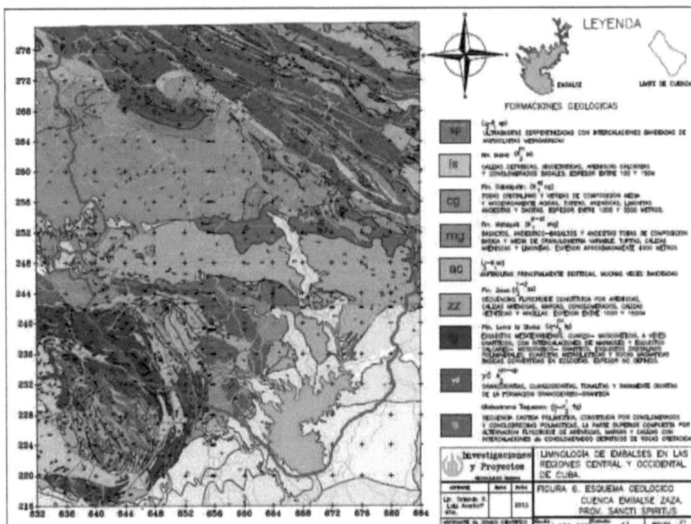

Figura 6.- Cuenca hidrográfica y Geología del embalse Zaza, provincia Sancti Spiritus

- Complejo Vulcanógenos, integrado por la Fm. Cabaiguán (K_1), son secuencias de tobas, tufitas, areniscas, limonitas.

- Complejo de rocas Ultra básica, compuesto por la Fm. Mataguá (K_1) y cuerpos de rocas ultra básicas (J_2-K_1), predominan los basaltos, andesitas, las granodioritas.

En el embalse ***Tuinucú***[1] (Figura 7), la geología de la cuenca se caracteriza por presentar cuatro complejos litológicos que son:

- Complejo de rocas metamórfico de la Fm. La Sabina (K_1), Los Cedros (K_1), Yaguanabo (K_1), Grupo San Juan (J_3), Cobrito (J_3) y Loma la Gloria (J_1-J_3), que son esquistos meta-terrígenos, a veces grafíticos, con intercalaciones de mármoles y esquistos calcáreos.

- Complejo de rocas Ultra básica, compuesto por la Fm. Mataguá (K_1) y cuerpos de rocas ultra básicas (J_2-K_2), predominan los basaltos, andesitas, las granodioritas.

- Complejo Vulcanógeno, representado por las Fm. Porvenir (K_1), Los Pasos (K_1), predominan tobas, tufitas en secuencias volcánicas con intercalaciones de esquistos verdes, areniscas, limonitas y otras rocas de origen volcánico.

- Complejo Clástico representado por la Fm. Mono (K_2), con areniscas, limonitas, conglomerados polimícticos, margas y limonitas.

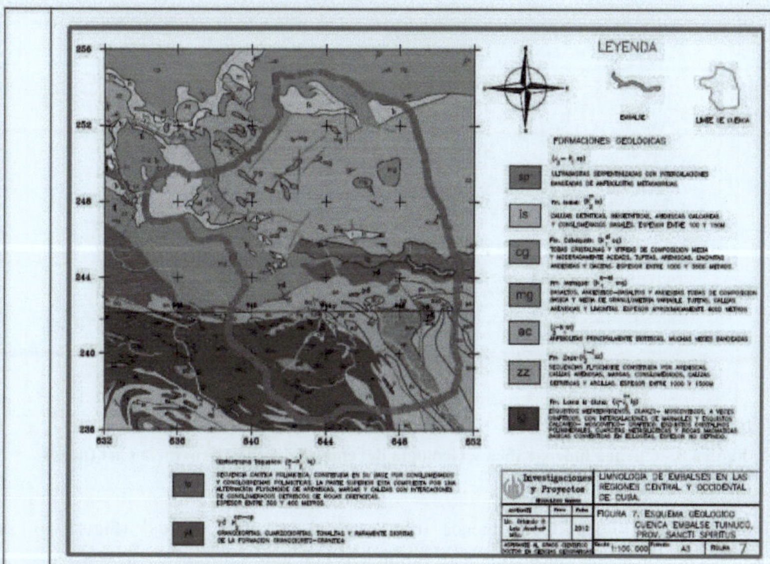

Figura 7.- Cuenca hidrográfica y Geología del embalse Tuinucú, provincia Sancti Spiritus

El embalse ***Avilés***[1] (Figura 8) se localiza sobre el curso del río Arimao, 2,5 km al noreste del poblado de Cumayagua, en una zona con topografía ondulada, el área que ocupa la cuenca hidrográfica se caracteriza por presentar cuatro complejos litológicos que son:

- Complejo Carbonatado, representado por la Fm. Cantabría (K_3) en las cuales predominan las secuencias de rocas calizas.

[1] IGP, 2013

- Complejo Clástico representado por la Fm. Condado ($\boldsymbol{P_2^3}$-$\boldsymbol{P_3^1}$), con areniscas, limonitas, conglomerados polimícticos, margas y calizas biodetríticas.
- Complejo de rocas Ultra básica, compuesto por la Fm. La Rana ($\boldsymbol{K_2}$) y cuerpos de rocas ultra básicas (J_2-K_1), predominan los basaltos, andesitas, las granodioritas.
- Complejo Vulcanógeno, representado por cuerpos de meta-volcanitas básicas.

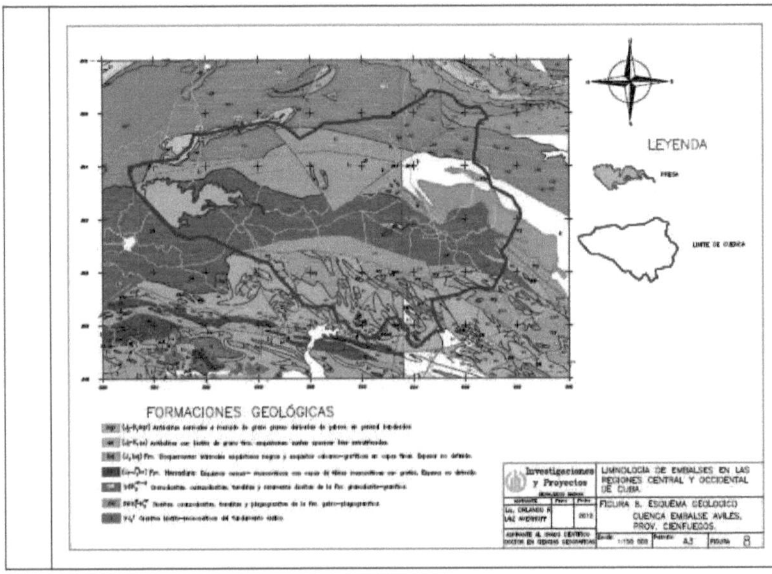

Figura 8.- Cuenca hidrográfica y Geología del embalse Avilés, provincia Cienfuegos

Característica geológica de la cuenca tributaria del embalse ***Abreus***[1] (Figura 9), se caracteriza por presentar cinco complejos litológicos que son:

- Complejo Terrígeno, depósitos aluviales ($\boldsymbol{Q^3}$), compuestos de limos, limos arenosos, arcillas arenosas con intercalaciones de gravas y guijarros.
- Complejo Carbonatado, representado por las Fm. Arabos (N_1^{1-2}), Jía ($\boldsymbol{P_3^1}$), Damují ($\boldsymbol{P_2^3}$), Rodas ($\boldsymbol{P_3^2}$), Arroyo Grande ($\boldsymbol{K_2}$), Cantabria ($\boldsymbol{K_2}$), y Saladito ($\boldsymbol{K_2^3}$) en las cuales predominan las secuencias de rocas calcáreas.
- Complejo Carbonatado Terrígeno, representado por las Fm. Tinguaro ($\boldsymbol{P_3^2}$) en las cuales

predominan las margas con intercalaciones de arcillas, calizas arcillosas.

- Complejo Vulcanógeno, representado por la Fm. La Rosita (K_2) predomina las rocas epiclásticas volcánicas de diferente granulometría, areniscas, conglomerados y lavas.

- Complejo Clástico representado por la Fm. Mono (K_2), con areniscas, limonitas, conglomerados polimícticos, margas y limolitas.

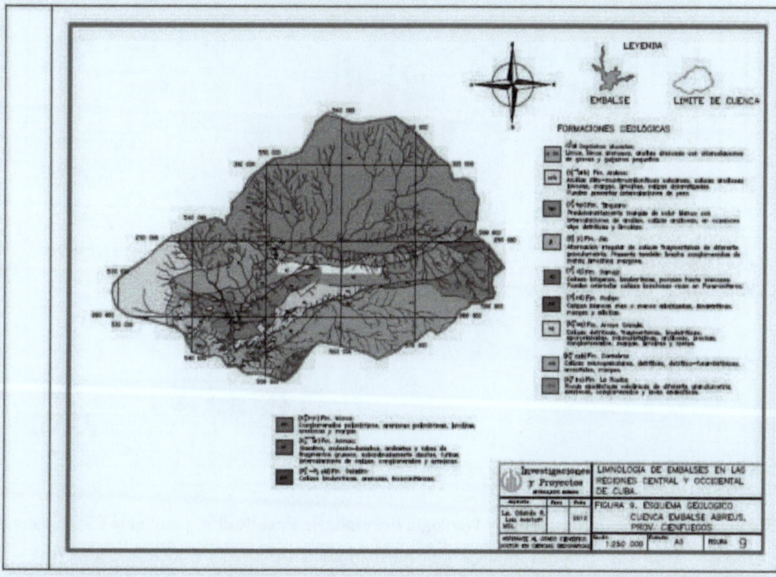

Figura 9.- Cuenca hidrográfica y Geología del embalse Abreus, provincia Cienfuegos

En el embalse ***Paso Bonito***[1] (Figura 10), el área que ocupa la cuenca tributaria se caracteriza por presentar dos complejos litológicos que son:

- Complejo de rocas Metamórfico de las Fm. Boquerones (J_1) y Herradura (J_1-J_3), compuesto por mármoles esquistosos y esquistos calcáreo-grafíticos.

- Complejo de rocas Ultra básica, compuesto por cuerpos de rocas ultra básicas (J_2-K_1) de granodiorito-granítica, dioritas, gabro-plagio granítica, esquistos.

- Fm. Yaguanabo (***K yg***) Esquistos verdes metavulcanógenos básicos, principalmente meta-tobas hasta meta-aglomerados, con finas intercalaciones aisladas de mármol gris y cuarcitas metasilicíticas.

[1] IGP 2013

- Gr. San Juan (***J_3 sj***) Mármoles esquistosos carbonatados de color negro o gris azuloso oscuro a veces fétidos, generalmente con grafito disperso o concentrado. En algunas partes del corte se intercalan capitas de cuarcitas metapedernálicas.

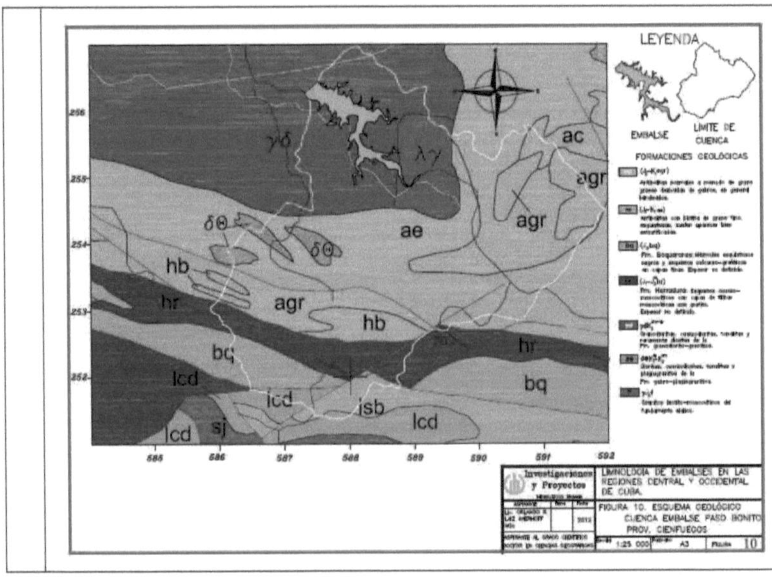

Figura 10.- Cuenca hidrográfica y Geología del embalse PasoBonito, provincia Cienfuegos

El embalse ***Pedroso***[1] (Figura 11), es una derivadora y la cuenca hidrográfica (535 km^2) posee una topografía ligeramente ondulada posee tres complejos litológicos que son:

- Complejo Carbonatado, representado por las Fm. Jaruco (N_1^1), Colón (P_3–N_1^1) y Mercedes (P_1^1) en las cuales predominan las secuencias de rocas calizas.

- Complejo Carbonatado Terrígeno, integrado por las Fm. Cojímar (N_1^{1-2}), Universidad (P_2^{1-2}) y la secuencia margosa de la Fm. Peñalver (K_2); predominan las margas y las calizas margosas.

- Complejo terrígeno, integrado por la Fm. Vía Blanca (K_2), son secuencias de areniscas, limonitas y conglomerados.

[1] IGP 2013

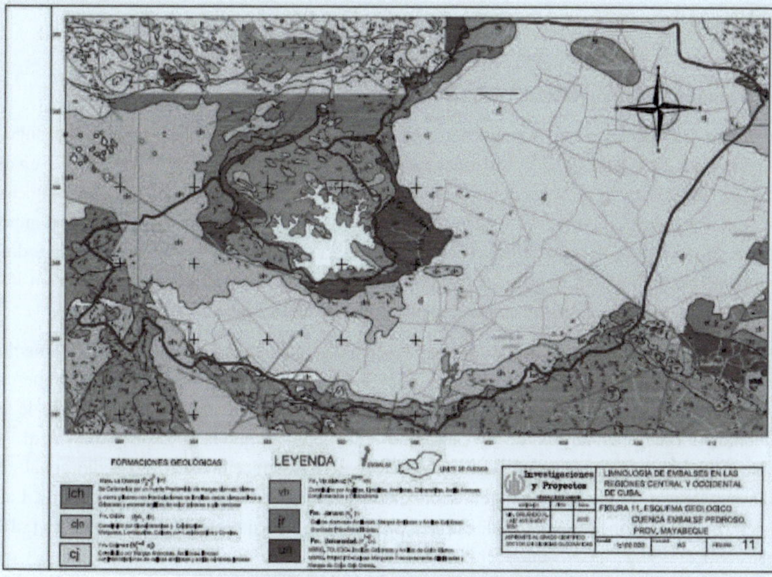

Figura 11.- Cuenca hidrográfica y Geología del embalse Pedroso, provincia Mayabeque

RESULTADOS

1. - Parámetros abióticos y bióticos de los ecosistemas acuáticos.

1.1 - Comportamiento químico (macro-constituyentes):

Los minerales disueltos en las aguas de embalses tropicales alcanzan un amplio rango, influyendo en esto la cantidad y distribución de las precipitaciones como factor decisivo en el resultado del contenido de sales de estos ecosistemas acuáticos. Las características geológicas de la cuenca hidrográfica (rocas volcánicas y sedimentarias, su edad y el periodo de tiempo durante el cual han estado sujetos a procesos de intemperismo en diferentes periodos climáticos) no solo afecta la tasa de solubilidad y la cantidad de sustancias que alcanzan los embalses, sino también explican en parte la composición de sus aguas.

Las aguas de todos los embalses estudiados presentaron una elevada concentración (promedio anual) de bicarbonato (HCO_3^-). El calcio (Ca^{2+}) y el magnesio (Mg^{2+}) son los primeros cationes que se disuelven y se incorporan a las aguas durante las precipitaciones, además de la incidencia del bicarbonato (HCO_3^-) y carbonato (CO_3^{2-}) por lo que la concentración (meqL^{-1}) promedio anual de calcio (Ca^{2+}) también fue elevada, y la concentración promedio anual de magnesio (Mg^{2+}) aunque alta en algunos embalses, se considera como moderada en otros. Las concentraciones promedio anuales de sulfatos (SO_4^{2-}) fueron bajas en los ocho embalses (<10 mgL^{-1} ó 0,21 meqL^{-1}), oscilando entre 0,08 meqL^{-1} en Paso Bonito hasta 0,65 meqL^{-1} en Abreus ambos en la provincia Cienfuegos. Con respecto al nivel de cloruros presentes como promedio anual en las aguas de estos embalses se observó que sus valores oscilaron entre 0,25 y 1,22 (meqL^{-1}) en Paso Bonito y Abreus respectivamente. El promedio anual de potasio (K^+) no excedió en los embalses de 0,10±0,02 meqL^{-1}. El sodio (Na^+) presente analizado como promedio anual en cada acuatorio se comportó entre 0,09 y 1,51 (meqL^{-1}) en Paso Bonito y Tuinucú respectivamente (Tabla 4).

Tabla 4. Valores medios ($\overline{X}$), desviación estándar (σ) y coeficiente de variación (CV) de los macroconstituyentes (mineralización), dureza cálcica, alcalinidad, dióxido de carbono (CO_2) libre, conductividad eléctrica (CE), sales solubles disueltas (SSD) y pH. En los embalses Lobrije (1988-1989), Higuanojo (1988-1989), Zaza (1989,1993,1994), Tuinucú (1989), Avilés (1991-1993), Abreus (1993,1994,2006), Paso Bonito (2006) y Pedroso (2003).

Embalse		pH (U)	CE µS cm^{-1}	SSD mg L^{-1}	CO_3^{2-} meq L^{-1}	HCO_3^- meq L^{-1}	Cl^- meq L^{-1}	SO_4^{2-} meq L^{-1}	Ca^{2+} meq L^{-1}	Mg^{2+} meq L^{-1}	K^+ meq L^{-1}	Na^+ meq L^{-1}	Ca^{2+}/Mg^{2+}	CE/SSD	Dureza mg L^{-1}	Alcalinidad mg L^{-1}	CO_2 Libre mg L^{-1}
Lobrije 1988-1989	$\overline{X}$	7,86	320	271	0,05	2,85	0,55	0,24	1,42	1,62	0,05	0,57	0,9	1,2	145	152	4,76
	σ	0,37	30	30	0,18	0,49	0,10	0,12	0,35	0,31	0,02	0,08	0,3	0,1	20	17	5,83
	CV	4,7	9,3	10,9	-	17,2	18,3	49,8	24,7	18,8	31,2	13,5	36,2	8,0	13,6	11,3	122,5
Higuanojo 1988-1989	$\overline{X}$	7,67	245	208	0	2,13	0,44	0,17	1,76	0,77	0,04	0,34	2,6	1,2	127	107	4,61
	σ	0,26	37	29	0	0,31	0,10	0,16	0,28	0,29	0,02	0,21	1,2	0,1	20	16	4,53
	CV	3,4	15,3	13,8	0	14,7	23,0	91,0	15,9	37,9	42,7	62,8	45,8	8,3	15,6	14,7	98,3
Zaza 1989, 1993, 1994	$\overline{X}$	7,91	343	299	0	3,01	0,76	0,13	1,50	1,89	0,09	1,08	1,0	1,2	174	150	2,95
	σ	0,10	29	28	0	0,41	0,01	0,13	0,32	0,65	0,01	0,25	0,5	0,1	30	21	0,57
	CV	1,2	8,4	9,3	0	13,7	1,3	96,3	20,3	34,4	11,9	23,1	48,1	7,9	17,1	13,7	19,3
Tuinucu 1989	$\overline{X}$	7,55	319	279	0	2,67	0,44	0,21	1,59	1,25	0,10	1,51	1,3	1,1	142	133	6,41
	σ	0,14	20	30	0	0,28	0,07	0,13	0,36	0,31	0,02	0,18	0,3	0,1	27	14	2,47
	CV	1,9	6,4	10,6	0	10,4	15,9	62,8	22,7	25,0	17,3	9,7	22,8	9,4	19,2	10,4	38,5
Avilés 1991-1993	$\overline{X}$	7,06	288	213	0	2,15	0,48	0,24	1,39	0,89	0,08	0,54	1,6	1,4	114	107	2,52
	σ	0,16	25	15	0	0,18	0,07	0,10	0,17	0,18	0,02	0,04	0,4	0,1	10	9	0,98
	CV	2,1	8,7	7,3	0	8,2	14,4	41,7	12,1	20,5	31,5	6,7	25,5	7,4	9,1	8,2	38,8
Abreus 1993,1994, 2006	$\overline{X}$	7,83	640	501	0	4,84	1,22	0,65	3,85	1,30	0,07	1,53	3,0	1,3	257	242	6,28
	σ	0,19	21	21	0	0,24	0,06	0,04	0,24	0,03	0,01	0,07	0,2	0,0	11	12	3,74
	CV	2,4	3,3	4,2	0	4,9	5,2	6,4	6,3	2,1	9,4	4,9	8,1	2,4	4,4	4,9	59,6
Paso Bonito 2006	$\overline{X}$	8,84	284	217	0,12	2,36	0,25	0,08	2,13	0,59	0,02	0,09	3,8	1,3	136	121	0,74
	σ	0,05	2,3	5,1	0,04	0,14	0,01	0,01	0,13	0,03	0,00	0,01	0,3	0,5	4	11	0,10
	CV	0,59	0,82	2,3	-	6,02	3,09	11,20	5,94	5,06	7,22	9,70	8,3	0,3	3,1	9,2	12,93
Pedroso-2003	$\overline{X}$	7,85	316	367	0	3,59	0,68	0,29	3,54	0,33	0,05	0,78	12,2	1,4	193	180	4,90
	σ	0,28	53	81	0	0,79	0,17	0,07	0,74	0,11	0,02	0,22	4,9	0,2	39	39	3,77
	CV	3,5	16,7	22,1	0	21,9	25,0	24,9	20,9	33,8	30,7	27,7	40,4	11,5	20,1	21,9	77,0

La capacidad "tampón" de las aguas fue alta en todos los embalses, lo que viene expresado por el rango de *pH* desde 7,55±0,14 [H^+] (Tuinucú) hasta 8,86±0,05 [H^+] (Paso Bonito), mostrando una ligera variación en el tiempo.

Como primer paso en la presente tesis fue realizado el análisis de cada embalse, considerando cada muestra obtenida (285 en total) y sus resultados (Laiz, 2009), lo cual ha permitido realizar los siguientes razonamientos:

En Lebrije (Tabla 5) y Zaza (Tabla 6) las aguas se clasifican como bicarbonatada-magnésica en un 62% bicarbonatada-cálcica en un 38% y bicarbonatada-magnésica en un 60%, bicarbonatadas-cálcicas en un 40%, respectivamente. En Tuinucú (Tabla 6), las aguas se clasifican como bicarbonatada-sódicas en un 60% de las ocasiones muestreadas y bicarbonatadas-cálcicas en un 40%. En el resto de los embalses las aguas fueron clasificadas como bicarbonatada-cálcica, como sigue Higuanojo (Tabla 5) >95%, Avilés>89%, Abreus>95%, Paso Bonito 100% y Pedroso >95%, lo cual refleja una litología preferentemente de calizas.

Tabla 5. Relaciones geoquímicas promedio mensual entre aniones (HCO_3^- y Cl^-) y cationes (Ca^{2+}, Mg^{2+}, K^+ y Na^+) en la columna de agua (superficie, medio y fondo) en los embalses Lebrije e Higuanojo, periodo 1988-1989.

Embalse Lebrije

Fecha de Muestreo	Clasificación Hidroquímica	Ca^{2+}/Mg^{2+}	$HCO_3^-/(Ca^{2+}+Mg^{2+})$	HCO_3^-/Cl^-	$(Ca^{2+}+Mg^{2+})/Na^+$	Cl^-/Na^+	K^+/Na^+	$(Na^++K^+)/Cl^-$
Feb-88	Bicarbonatadas -Magnésicas	0,41	0,65	3,16	5,06	1,05	0,14	1,09
Mar-88	Bicarbonatadas -Magnésicas	0,65	0,94	5,19	5,24	0,95	0,11	1,17
Abr-88	Bicarbonatadas -Magnésicas	0,92	1,12	6,57	4,91	0,84	0,07	1,28
May-88	Bicarbonatadas -Cálcicas	1,08	1,14	6,76	4,65	0,79	0,08	1,38
Jun-88	Bicarbonatadas -Cálcicas	1,05	1,03	5,90	5,39	0,94	0,10	1,17
Jul-88	Bicarbonatadas -Cálcicas	1,25	1,03	5,72	4,75	0,86	0,10	1,29
Ago-88	Bicarbonatadas -Magnésicas	1,00	1,03	5,64	7,51	1,37	0,13	0,83
Sep-88	Bicarbonatadas -Magnésicas	0,86	0,85	3,94	5,57	1,20	0,10	0,92
Oct-88	Bicarbonatadas -Magnésicas	0,86	0,82	3,79	5,57	1,20	0,10	0,92
Nov-88	Bicarbonatadas -Cálcicas	1,58	0,84	7,12	6,07	0,71	0,05	1,46
Dic-88	Bicarbonatadas -Magnésicas	0,49	0,88	4,47	4,63	0,91	0,05	1,15
Ene-89	Bicarbonatadas -Magnésicas	0,84	0,88	3,74	5,69	1,34	0,06	0,79
Feb-89	Bicarbonatadas -Magnésicas	0,88	0,74	3,96	9,88	1,85	0,10	0,58
Mar-89	Bicarbonatadas -Magnésicas	0,95	0,81	4,28	9,84	1,87	0,14	0,61
May-89	Bicarbonatadas -Magnésicas	0,84	0,69	3,66	7,57	1,43	0,12	0,78
Ago-89	Bicarbonatadas -Magnésicas	0,91	1,04	4,72	3,08	0,68	0,11	1,63
Sep-89	Bicarbonatadas -Magnésicas	0,56	0,99	5,35	5,61	1,03	0,11	1,08
Oct-89	Bicarbonatadas -Magnésicas	0,89	0,89	5,60	4,16	0,66	0,07	1,61
Nov-89	Bicarbonatadas -Cálcicas	1,42	0,88	5,89	4,54	0,67	0,10	1,63
Dic-89	Bicarbonatadas -Magnésicas	0,92	0,94	5,17	5,34	0,97	0,09	1,12

Embalse Higuanojo

Fecha de Muestreo	Clasificación Hidroquímica	Ca^{2+}/Mg^{2+}	$HCO_3^-/(Ca^{2+}+Mg^{2+})$	HCO_3^-/Cl^-	$(Ca^{2+}+Mg^{2+})/Na^+$	Cl^-/Na^+	K^+/Na^+	$(Na^++K^+)/Cl^-$
Feb-88	Bicarbonatadas -Cálcicas	1,60	0,88	3,61	0,20	8,31	0,20	2,02
Mar-88	Bicarbonatadas -Cálcicas	1,94	0,89	4,55	0,30	8,18	0,48	1,59
Abr-88	Bicarbonatadas -Cálcicas	2,19	0,87	5,98	0,08	7,78	0,20	1,14
May-88	Bicarbonatadas -Cálcicas	4,38	0,91	8,83	0,11	8,00	0,16	0,83
Jun-88	Bicarbonatadas -Cálcicas	3,55	0,94	8,54	0,08	8,79	0,20	0,97
Jul-88	Bicarbonatadas -Cálcicas	2,80	0,91	5,44	0,12	8,74	0,12	1,47
Ago-88	Bicarbonatadas -Cálcicas	3,09	0,81	5,72	0,10	9,73	0,18	1,38
Sep-88	Bicarbonatadas -Cálcicas	6,00	0,67	2,39	0,10	6,79	0,79	1,91
Oct-88	Bicarbonatadas -Cálcicas	2,22	0,79	4,42	0,08	7,35	0,22	1,31
Nov-88	Bicarbonatadas -Cálcicas	1,09	0,76	4,88	0,11	8,19	0,15	1,28
Dic-88	Bicarbonatadas -Cálcicas	1,60	0,77	3,82	0,06	5,67	0,06	1,14
Ene-89	Bicarbonatadas -Cálcicas	2,20	0,86	3,82	0,06	5,26	0,06	1,18
Feb-89	Bicarbonatadas -Cálcicas	4,28	0,92	4,61	0,09	7,59	0,09	1,52
Mar-89	Bicarbonatadas -Cálcicas	3,60	0,96	3,72	0,12	5,47	0,12	1,41
May-89	Bicarbonatadas -Cálcicas	1,89	0,74	4,16	0,14	8,93	0,14	1,59
Ago-89	Bicarbonatadas -Cálcicas	2,76	0,79	4,29	0,13	4,42	0,13	0,81
Sep-89	Bicarbonatadas -Cálcicas	1,48	0,85	5,76	0,13	6,35	0,13	0,94
Oct-89	Bicarbonatadas -Cálcicas	2,49	0,97	5,93	0,08	3,78	0,08	0,62
Nov-89	Bicarbonatadas -Cálcicas	1,98	0,89	5,79	0,07	3,88	0,07	0,60
Dic-89	Bicarbonatadas -Cálcicas	1,70	0,77	5,63	0,08	4,26	0,08	0,58

A continuación, se describen las relaciones geoquímicas que fueron objeto de análisis y se fundamentan en la litología presente en la cuenca hidrográfica y su influencia en la composición salina de las aguas embalsadas:

En Lebrije y Zaza, el magnesio (Mg^{2+}) predomina sobre el calcio (Ca^{2+}) lo que se destaca en el cociente Ca^{2+}**:**Mg^{2+} que en la mayoría de las muestras es <1, aunque en Zaza oscila entre <1 y >1y por ello el predominio de la clasificación antes mencionada. Para el resto de los embalses Higuanojo, Avilés, Abreus (Tabla 7), Paso Bonito, Pedroso (Tabla 8) e incluso en Tuinucú esta razón es siempre mayor que uno lo cual evidencia la naturaleza caliza de la geología del área de las cuencas involucradas en este estudio, esto es observado en los esquemas geológicos (Figura 4 a 11), aunque en este último embalse (Figura 6) se evidencian otros factores como es la presencia de sodio (Na^{+}) debido a las formaciones geológicas Zaza, Mataguá y Cabaiguán, las cuales ocupan aproximadamente el 75% de la cuenca hidrográfica con presencia de areniscas en ellas.

Tabla 6. Relaciones geoquímicas promedio mensual entre aniones (HCO_3^- y Cl^-) y cationes (Ca^{2+}, Mg^{2+}, K^+ y Na^+) en la columna de agua (superficie, medio y fondo) en los embalses Zaza y Tuinucú, periodo 1989.

Embalse Zaza

Fecha de Muestreo	Clasificación Hidroquímica	Ca^{2+}/Mg^{2+}	$HCO_3^-/(Ca^{2+}+Mg^{2+})$	HCO_3^-/Cl^-	$(Ca^{2+}+Mg^{2+})/Na^+$	Cl^-/Na^+	K^+/Na^+	$(Na^++K^+)/Cl^-$
Ene-89	Bicarbonatadas -Cálcicas	1,62	0,89	3,12	3,10	0,89	0,12	1,26
Feb-89	Bicarbonatadas -Cálcicas	1,80	0,95	4,30	4,22	0,94	0,13	1,20
Mar-89	Bicarbonatadas -Magnésicas	0,81	0,88	4,88	4,43	0,80	0,10	1,38
May-89	Bicarbonatadas -Magnésicas	0,54	0,65	4,42	5,81	0,85	0,13	1,33
Jun-89	Bicarbonatadas -Cálcicas	1,06	0,83	3,98	3,06	0,64	0,07	1,67
Ago-89	Bicarbonatadas -Magnésicas	0,71	0,82	4,44	2,30	0,42	0,06	2,51
Sep-89	Bicarbonatadas -Magnésicas	0,46	0,82	4,99	3,03	0,50	0,08	2,15
Oct-89	Bicarbonatadas -Cálcicas	1,15	1,09	4,54	2,39	0,57	0,07	1,86
Nov-89	Bicarbonatadas -Magnésicas	0,51	0,91	5,13	2,67	0,47	0,06	2,26
Dic-89	Bicarbonatadas -Magnésicas	0,91	0,90	6,60	2,94	0,40	0,06	2,65

Embalse Tuinucú

Fecha de Muestreo	Clasificación Hidroquímica	Ca^{2+}/Mg^{2+}	$HCO_3^-/(Ca^{2+}+Mg^{2+})$	HCO_3^-/Cl^-	$(Ca^{2+}+Mg^{2+})/Na^+$	Cl^-/Na^+	K^+/Na^+	$(Na^++K^+)/Cl^-$
Ene-89	Bicarbonatadas -Sódicas	0,80	1,17	6,05	1,22	0,24	0,05	4,48
Feb-89	Bicarbonatadas -Sódicas	1,33	1,09	5,47	1,27	0,25	0,04	4,09
Mar-89	Bicarbonatadas -Sódicas	1,73	0,98	5,44	1,43	0,26	0,06	4,09
May-89	Bicarbonatadas -Magnésicas	0,93	0,67	4,56	2,52	0,37	0,09	2,92
Jun-89	Bicarbonatadas -Sódicas	1,19	0,91	5,63	1,37	0,22	0,06	4,74
Ago-89	Bicarbonatadas -Sódicas	1,20	1,03	6,55	1,31	0,21	0,06	5,11
Sep-89	Bicarbonatadas -Sódicas	1,27	0,95	6,51	1,74	0,25	0,05	4,14
Oct-89	Bicarbonatadas -Cálcicas-Sódicas	1,43	0,81	7,57	1,77	0,19	0,04	5,49
Nov-89	Bicarbonatadas -Cálcicas	1,28	0,98	7,40	1,81	0,24	0,06	4,39
Dic-89	Bicarbonatadas -Cálcicas	1,58	0,78	6,60	2,03	0,24	0,05	4,38

A diferencia con el resto de los embalses, el sodio prevalece sobre el calcio, lo que se realza en el cociente Ca^{2+}**:**Na^{+} inferior a 1 y por ello el predominio de la clasificación.

La relación HCO_3^-:$(Ca^{2+}+Mg^{2+})$ es cercana a 1, para los embalses Lebrije, Higuanojo, Zaza, Avilés, Abreus, Paso Bonito y Pedroso, en correspondencia con todo lo expuesto anteriormente, ya que el bicarbonato (HCO_3^-) debe estar equilibrado con calcio y magnesio

(Ca^{2+}+Mg^{2+}) como se muestra en la razón analizada. Inclusive para Tuinucú esta relación se acerca a 1, en correspondencia con la litología de calizas que es dominante en el resto de la cuenca hidrográfica de este embalse (lo que se aprecia en las Figura 4 a 11).

El cociente $HCO_3^-:Cl^-$ en todos los embalses, pone de manifiesto que en la clasificación aquí descrita, con aporte litológico fundamentalmente de calizas, no se presentarán concentraciones importantes de cloruro, destacando que en este caso siempre es >2.

La relación $(Ca^{2+}+Mg^{2+}):Na^+$ muestra que la misma se comporta como debe esperarse, o sea, $Ca^{2+}+Mg^{2+}$ es siempre superior a Na^+. El cociente $Cl^-:Na^+$, en la mayoría de las muestras analizadas es cercano a 1, dado el equilibrio de aportes entre sodio y cloruro, en la mayoría de los embalses Lebrije, Higuanojo, Zaza, Tuinucú, Avilés, Abreus y Pedroso. Sólo en Paso Bonito esta razón es >1 debido a que los valores de sodio son muy pequeños, existiendo no obstante el equilibrio entre estos iones.

La pequeñez relativa del cociente $K^+:Na^+$ evidencia la baja presencia del potasio (K^+) en esta agua. Esto hace que el cociente $(Na^++K^+):Cl^-$ también se acerque a 1 para Lebrije, Higuanojo, Zaza, Abreus y para el resto de los embalses esta razón es >1 debido a lo pequeño del potasio y el cloro (Cl^-) en relación con el sodio (Na^+).

Table 7. Relaciones geoquímicas promedio mensual entre aniones (HCO_3^- y Cl^-) y cationes (Ca^{2+}, Mg^{2+}, K^+ y Na^+) en la columna de agua (estratos cada 4 metros) en el embalse Avilés, periodo 1991-1992-1993 y (estratos cada 4 y 2 metros) en el embalse Abreus periodo 1993-1994-2006.

Embalse Avilés

AÑO	Fecha de Muestreo	Clasificación Hidroquímica	Ca^{2+}/Mg^{2+}	$HCO_3^-/(Ca^{2+}+Mg^{2+})$	HCO_3^-/Cl^-	$(Ca^{2+}+Mg^{2+})/Na^+$	Cl^-/Na^+	K^+/Na^+	$(Na^++K^+)/Cl^-$
1991	0 a 4	Bicarbonatadas -Cálcicas	1,93	1,00	5,21	4,00	0,77	0,13	1,48
	4 a 8	Bicarbonatadas -Cálcicas	1,93	1,00	5,25	4,00	0,77	0,13	1,48
	8 a 12	Bicarbonatadas -Cálcicas	1,87	1,01	5,36	4,27	0,80	0,14	1,41
	12 a 16	Bicarbonatadas -Cálcicas	1,76	1,00	5,60	4,30	0,77	0,12	1,46
	16 a 20	Bicarbonatadas -Cálcicas	1,76	1,01	5,63	4,22	0,75	0,12	1,48
	20 a 22	Bicarbonatadas -Cálcicas	1,80	1,05	5,33	3,77	0,74	0,10	1,48
1992	0 a 4	Bicarbonatadas -Cálcicas	1,42	0,90	3,59	3,82	0,95	0,15	1,20
	4 a 8	Bicarbonatadas -Cálcicas	1,48	0,94	3,84	3,85	0,94	0,14	1,20
	8 a 12	Bicarbonatadas -Cálcicas	1,44	0,88	3,50	4,00	1,01	0,13	1,11
	12 a 16	Bicarbonatadas -Cálcicas	1,75	0,93	4,17	4,04	0,90	0,13	1,26
1993	0 a 4	Bicarbonatadas -Cálcicas-Magnésica	1,53	0,93	4,61	4,41	0,89	0,17	1,31
	4 a 8	Bicarbonatadas -Cálcicas-Magnésica	1,38	0,89	3,99	4,66	1,04	0,16	1,11
	8 a 12	Bicarbonatadas -Cálcicas-Magnésica	1,32	0,91	4,43	4,73	0,97	0,15	1,18
	12 a 16	Bicarbonatadas -Cálcicas-Magnésica	1,31	0,89	4,24	4,59	0,96	0,15	1,20
	1991-Col	Bicarbonatadas -Cálcicas	1,84	1,01	5,39	4,09	0,77	0,12	1,46
	1992-Col	Bicarbonatadas -Cálcicas	1,52	0,91	3,76	3,93	0,95	0,13	1,19
	1993-Col	Bicarbonatadas -Cálcicas	1,38	0,91	4,31	4,60	0,97	0,16	1,20

Embalse Abreus

AÑO	Fecha de Muestreo	Clasificación Hidroquímica	Ca^{2+}/Mg^{2+}	$HCO_3^-/(Ca^{2+}+Mg^{2+})$	HCO_3^-/Cl^-	$(Ca^{2+}+Mg^{2+})/Na^+$	Cl^-/Na^+	K^+/Na^+	$(Na^++K^+)/Cl^-$
PROMEDIO	0 a 4	Bicarbonatadas -Cálcicas	2,94	0,94	3,84	3,34	0,82	0,05	1,28
	4 a 8	Bicarbonatadas -Cálcicas	3,03	0,95	4,10	3,33	0,77	0,05	1,35
	8 a 12	Bicarbonatadas -Cálcicas	2,95	0,92	4,04	3,60	0,82	0,05	1,27
	12 a 16	Bicarbonatadas -Cálcicas	4,34	0,95	4,04	2,98	0,70	0,03	1,47
1993	Nov-1993	Bicarbonatadas -Cálcicas	3,97	0,94	3,84	3,17	0,77	0,03	1,34
	Dic-1993	Bicarbonatadas -Cálcicas	3,08	0,94	3,83	3,45	0,85	0,04	1,23
1994	Feb-1994	Bicarbonatadas -Cálcicas	2,38	0,88	3,82	4,01	0,93	0,05	1,13
	Mar-1994	Bicarbonatadas -Cálcicas	3,39	0,99	4,14	3,12	0,75	0,05	1,40
	Abr-1994	Bicarbonatadas -Cálcicas	2,49	0,95	4,63	3,31	0,68	0,06	1,56
PROMEDIO	0 a 2 Prom	Bicarbonatadas -Cálcicas	1,53	0,83	4,09	4,61	0,93	0,06	1,14
	2 a 4 Prom	Bicarbonatadas -Cálcicas	1,73	0,82	3,87	4,62	0,98	0,06	1,08
	4 a 6 Prom	Bicarbonatadas -Cálcicas	1,67	0,78	3,73	5,22	1,09	0,07	0,98
	6 a 8 Prom	Bicarbonatadas -Cálcica-Magnésica	1,00	0,76	3,12	4,12	1,01	0,04	1,03
2006	Mayo-2006	Bicarbonatadas -Cálcicas	1,22	0,78	3,23	4,15	1,00	0,04	1,04
	Junio-2006	Bicarbonatadas -Cálcicas	3,10	0,87	5,91	2,49	0,37	0,04	2,83
	Julio-2006	Bicarbonatadas -Cálcicas	2,38	0,89	5,26	4,27	0,73	0,05	1,45
	Sept-2006	Bicarbonatadas -Cálcicas	2,45	0,86	5,44	6,39	1,01	0,12	1,11

El aporte de sodio en el embalse Tuinucú, procede de rocas ígneas que se encuentran en la formación de rocas intrusivas del cretácico ($\gamma\delta\ K_2^{cm-cp}$) descritas en la Figura 7, localizadas en zonas cercanas al embalse, motivo por el cual su intemperismo influye periódicamente en la composición química y la clasificación de sus aguas. Que puede deberse al efecto de las lluvias, cuando no se ha desarrollado aún el equilibrio con los carbonatos, además, de las serpentinitas que se localizan tanto en el vaso del embalse como en las cercanías al mismo.

El contenido de sales disueltas es uno de los problemas medio ambientales más importantes y antiguos de la humanidad. Los principales iones que contribuyen a este problema son el cloruro (Cl^-), sulfato (SO_4^{2-}), bicarbonato (HCO_3^-), carbonato (CO_3^{2-}), sodio (Na^+), calcio (Ca^{2+}), magnesio (Mg^{2+}) y en menor medida nitrato (NO_3^-) y potasio (K^+). La fuente original y de cierto modo la más directa de la cual provienen las sales son los minerales primarios que se encuentran en los suelos y en las rocas expuestas de la corteza terrestre, las cuales sufren intemperismo.

Las relaciones geoquímicas entre aniones y cationes (Fagundo, 1996; Fagundo y González, 1999) contribuyen al conocimiento sobre la composición química de las aguas embalsadas. La formación de rocas intrusivas en Tuinucú puede aportar hasta el 5,3 % de sodio (Na^+) y el 6,3% de calcio (Ca^{2+}) según Rankana y Sahama (1962).

En general a pesar de la alta concentración de los iones bicarbonato y sodio y la elevada producción fotosintética en las aguas cubanas (Pérez Eiriz *et al.*, 1990) no se observaron signos de precipitación de limo, debido a la gran proporción de magnesio en el agua sobre todo para el caso de los embalses Lebrije y Zaza.

Tabla 8. Relaciones geoquimicas promedio mensual entre aniones (HCO_3^- y Cl^-) y cationes (Ca^{2+}, Mg^{2+}, K^+ y Na^+) en la columna de agua (estratos cada 4 metros) en el embalse Paso Bonito, periodo 2006 y (estratos cada 2 metros) en el embalse Pedroso, periodo 2003.

Embalse Paso Bonito

AÑO	Fecha de Muestreo	Clasificación Hidroquímica	Ca^{2+}/Mg^{2+}	$HCO_3^-/(Ca^{2+}+Mg^{2+})$	HCO_3^-/Cl^-	$(Ca^{2+}+Mg^{2+})/Na^+$	Cl^-/Na^+	K^+/Na^+	$(Na^++K^+)/Cl^-$
PROMEDIO	0 a 4	Bicarbonatadas -Cálcicas	3,48	0,90	9,07	28,65	2,86	0,20	0,42
	4 a 8	Bicarbonatadas -Cálcicas	3,57	0,89	9,63	31,40	2,91	0,22	0,42
	8 a12	Bicarbonatadas -Cálcicas	3,62	0,80	9,31	25,58	2,21	0,20	0,54
	12 a 16	Bicarbonatadas -Cálcicas	6,00	0,82	10,52	41,41	3,24	0,31	0,40
2006	Mayo-2006	Bicarbonatadas -Cálcicas	4,72	0,87	9,52	39,69	3,64	0,27	0,35
	Junio-2006	Bicarbonatadas -Cálcicas	2,69	0,90	11,20	21,54	1,73	0,20	0,70
	Julio-2006	Bicarbonatadas -Cálcicas	4,39	0,94	11,21	30,16	2,52	0,13	0,45
	Sep-06	Bicarbonatadas -Cálcicas	3,27	0,74	6,68	27,68	3,06	0,24	0,41

Embalse Pedroso

AÑO	Fecha de Muestreo	Clasificación Hidroquímica	Ca^{2+}/Mg^{2+}	$HCO_3^-/(Ca^{2+}+Mg^{2+})$	HCO_3^-/Cl^-	$(Ca^{2+}+Mg^{2+})/Na^+$	Cl^-/Na^+	K^+/Na^+	$(Na^++K^+)/Cl^-$
PROMEDIO	0 a 2	Bicarbonatadas -Cálcicas	12,98	0,96	5,40	6,50	1,15	0,07	0,93
	2 a 4	Bicarbonatadas -Cálcicas	12,97	0,95	7,11	6,66	0,89	0,05	1,18
	4 a 6	Bicarbonatadas -Cálcicas	12,87	0,90	6,05	5,93	0,88	0,06	1,20
2003	Febrero	Bicarbonatadas -Cálcicas	14,41	1,02	5,98	-	-	-	0,00
	Marzo	Bicarbonatadas -Cálcicas	13,71	0,88	6,05	6,90	1,01	0,05	1,05
	Abril	Bicarbonatadas -Cálcicas	14,02	0,94	5,92	-	-	-	0,00
	Mayo	Bicarbonatadas -Cálcicas	12,91	0,92	-	-	-	-	-
	Junio	Bicarbonatadas -Cálcicas	10,20	0,95	7,75	7,65	0,94	0,06	1,14

El desarrollo de la vida acuática requiere de respuestas que no son posible encontrar sólo con los análisis químicos (Tinnberg, 1978), sino con la inter- relación entre los aspectos biológicos, físicos y químicos en su conjunto.

Es importante hablar sobre la calidad del agua cuando se refiere a las correlaciones que se desarrollan en un lago o embalse y sobre esta situación, Krienitz y Kotut (2001) plantearon que la calidad del agua está caracterizada por los diferentes criterios físico-químicos y biológicos, ya que la estructura de la comunidad del fitoplancton y la biodiversidad provee el uso de un índice de calidad de agua, así como el uso potencial de la misma.

1.2.- Variaciones de la temperatura y niveles de oxígeno disuelto

1.2.1 – Temperatura e Irradiación

En el periodo de estudio han ocurrido diferentes eventos meteorológicos inusuales como han sido la sequía prolongada (hasta 1988). En el mes de junio 1988 ocurrieron fuertes lluvias de 300-500 mm en 24 horas, además, posteriormente en meses subsiguientes hubo precipitaciones mensuales acumuladas entre 150 y 270 mm.

La irradiación mensual en las diferentes regiones donde se localizan los embalses estudiados se muestran en la (Figura 12), el valor mínimo fue detectado durante el mes de diciembre de 1989 en el área correspondiente a los embalses Zaza y Tuinucú, y el máximo registrado fue en el mes de junio de 1986. En la Figura 12 se observa el comportamiento de la radiación solar media y máxima en el tiempo en cada uno de los embalses, destacando que los valores mínimos de radiación ocurren en el periodo del invierno tropical (noviembre-abril), con un mínimo de la irradiación media general de 19,4 para todas las zonas de estudio y un máximo promedio fue 24,7 (mJ $m^{-2}día^{-1}$).

Las variaciones de la temperatura media, mínima y máxima del aire son menores en la etapa del invierno tropical (noviembre-abril) encontrándose cercana a los 24ºC (ONE, 2009). Las temperaturas medias del aire en los cuatro (4) embalses de la provincia Sancti Spiritus no superaron los 29ºC y la temperatura máxima del aire en el periodo estratificado fue superior a los 30ºC.

El valor medio de la temperatura superficial del agua se mantuvo entre 23-25ºC en el periodo seco (invierno tropical) en los meses noviembre-abril, aproximándose a 30ºC (Figura 13) en el periodo lluvioso (estratificado). Las temperaturas del agua en la zona epilimnética alcanzan valores elevados considerando para esto los niveles de irradiación solar y por ende las temperaturas del aire, de esta forma se encontró que en los embalses estudiados, estos parámetros mostraron los siguientes comportamientos:

Temperaturas superficiales promedio anual, Lebrije 27,3 °C (1987 a 1989); Higuanojo 27,2 °C (1988-1989) (Figura 14); Zaza 27,1 °C (1989); Tuinucú 27,6 °C (1989) (Figura 15); Avilés 27,3 °C (1991 a 1993); Abreus 25,9 °C (1993-1994) (Figura 16) y 30,2 °C (2006); Paso Bonito 30,0 °C (2006) y Pedroso 27,1 °C (2003) (Figura 17).

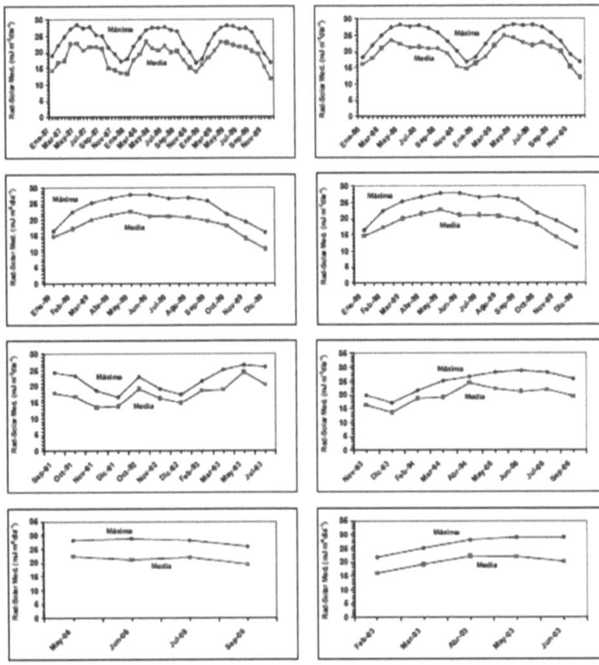

Figura 12. Radiación solar promedio mensual máxima y media (mJ m^{-2}día^{-1}) para los embalses Lebrije (1987-1989), Higuanojo (1988-1989), Zaza (1989), Tuinucú (1989), Avilés (1991-1992-1993), Abreus (1993-1994-2006), Paso Bonito (2006) y Pedroso (2003)

Temperaturas superficiales mínimas, Lebrije 23,7 °C (diciembre de 1988); Higuanojo 23,5 °C (diciembre de 1988); Zaza 24,1 °C (marzo de 1989); Tuinucú 24,5 °C (enero de 1989); Avilés 24,8 °C (diciembre de 1991); Abreus 23,8 °C (diciembre de 1993) y 29,6 °C (septiembre de 2006); Paso Bonito 29,0 °C (mayo de 2006) y Pedroso 25,6 °C (febrero de 2003).

Temperaturas superficiales máximas, Lebrije 30,6 °C (agosto de 1987 y septiembre de 1989); Higuanojo 30,6 °C (julio de 1988); Zaza 29,5 °C (julio de 1989); Tuinucú 30,5 °C (agosto de 1989); Avilés 29,2 °C (octubre de 1992), 31,0 °C (julio de 1993); Abreus 28,1 °C (noviembre de 1993-1994) y 30,8 °C (Julio de 2006); Paso Bonito 32,0 °C (septiembre de 2006) y Pedroso 28,5 °C (mayo de 2003).

El rango de temperatura alcanzada en el hipolimnion se presentó de la forma siguiente: Lebrije 22,0-27,6 °C; Higuanojo 22,0-23,6 °C; Zaza 22,6-26,7 °C; Tuinucú 21,7-23,3 °C; Avilés 23,0-27,1 °C; Abreus 22,8-30,0 °C; Paso Bonito 24,4-25,2 °C; Pedroso 24,1-27,5 °C.

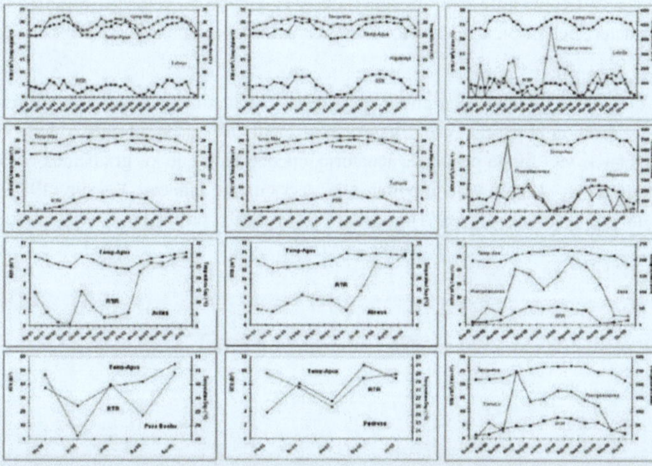

Figura 13. Variación anual de los valores medios mensuales de la estabilidad relativa (RTR) del agua, relacionados con la temperatura máxima del aire, la temperatura superficial del agua (°C) y las precipitaciones mensuales (mm) en los embalses Lebrije e Higuanojo (1988-1989), Zaza y Tuinucú (1989) y entre los valores medios mensuales de la estabilidad relativa (RTR) y la temperatura superficial del agua (°C) en los embalses Avilés, Abreus y Paso Bonito y Pedroso.

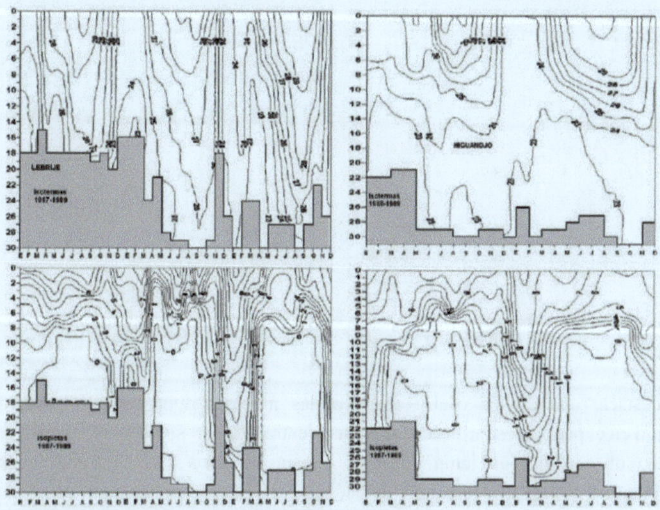

Figura 14. Isotermas, intervalos de 1 °C e isopletas de la concentración de oxígeno disuelto, intervalos 1 mgL^{-1}, de acuerdo con la profundidad y los meses de estudio, en los embalses Lebrije (*derecha*) periodo 1987-1989 e Higuanojo (*izquierda*) periodo 1988-1989.

La diferencia de temperatura entre la superficie y el fondo por embalse (Figura 18) denota como la característica tropical realza una diferencia mínima en la mezcla, entre estas dos capas de agua.

Debido a que las temperaturas en climas tropicales varían considerablemente en los perfiles verticales de agua en el período estratificado, se decidió calcular la diferencia de temperatura entre la superficie y el fondo para cada acuatorio, encontrando que los gradientes verticales de las temperaturas en el agua se comportaron de la siguiente manera: Lebrije (1987 a 1989) mantuvo un promedio de 2,6 °C, Higuanojo (1988-1989): promedio 4,6 °C, Zaza (1989): promedio 2,5 °C y Tuinucú (1989): promedio 5,0 °C.

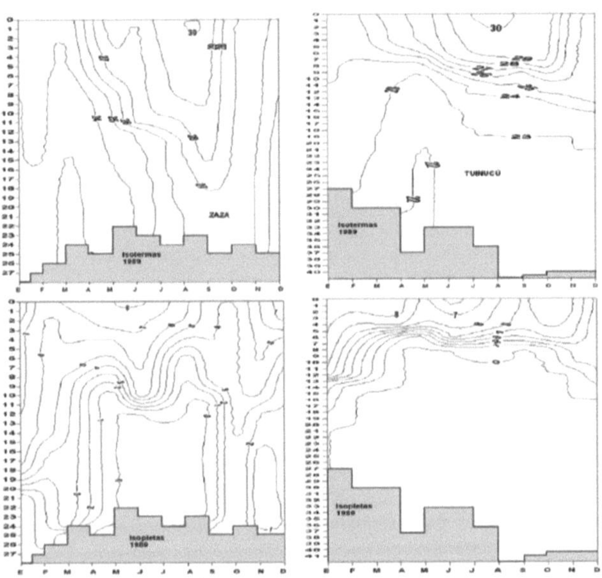

Figura 15. Isotermas, intervalos de 1 °C e isopletas de la concentración de oxígeno disuelto, intervalos 1 mgL^{-1}, de acuerdo con la profundidad y los meses de estudio, en los embalses Zaza (*derecha*) periodo 1989 y Tuinucú (*izquierda*) periodo 1989.

Es de destacar que en los cuatro embalses las mayores diferencias de temperatura se obtuvieron en el período estratificado, alternando entre agosto y septiembre, aunque en Lebrije se obtuvo un máximo en junio de 1989 y para los años 1987 y 1988 los máximos correspondieron al mes de septiembre de cada año. Higuanojo posee junto con Tuinucú, los mayores valores, con máximos en septiembre-1988 y julio de 1989 y agosto de 1989. Para Zaza el valor máximo registrado fue en el mes de julio de 1989.

El resto de los embalses estudiados se muestran a continuación: Avilés (1991 a 1993) mantuvo un promedio de 2,2 °C, Abreus (1993,1994 y 2006): promedio 1,7 °C, Paso Bonito (2006): promedio 5,2 °C y Pedroso (2003): promedio 1,1 °C.

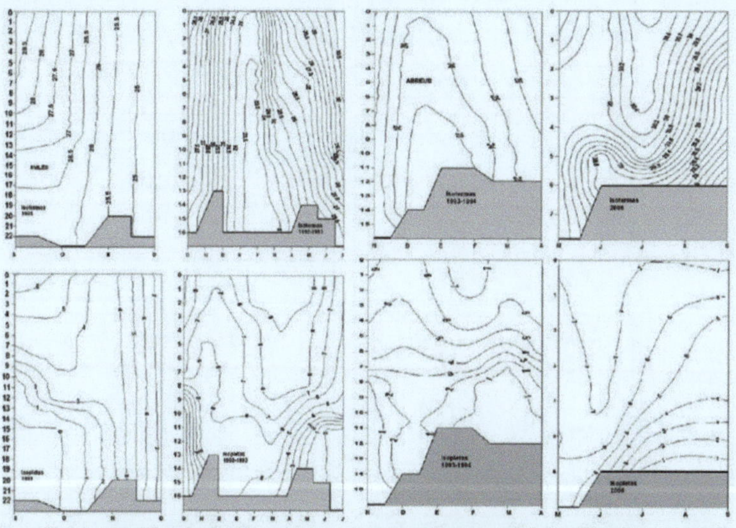

Figura 16. Isotermas, intervalos de 0,5 (*Avilés*), 1 (*Abreus 1993-1994*) y 0,2 (*Abreus-2006*) °C e isopletas de la concentración de oxígeno disuelto, intervalos 1 mgL^{-1}, de acuerdo con la profundidad y los meses de estudio, en los embalses Avilés (*derecha*) periodo 1991-1992-1993 y Abreus (*izquierda*) periodo 1993-1994 y 2006.

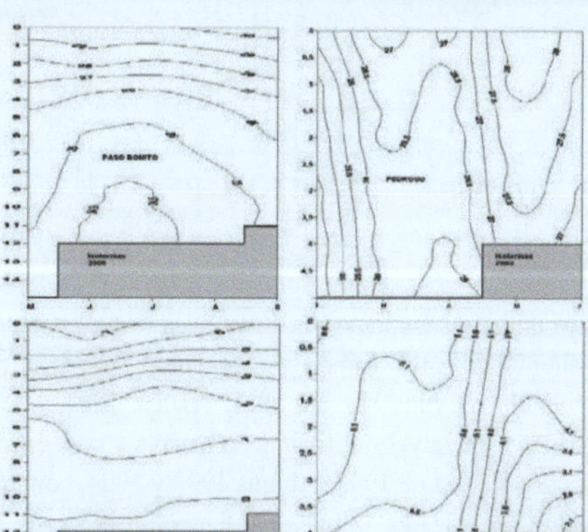

Figura 17. Isotermas, intervalos de 1 (*Paso Bonito*) y 0,5 (*Pedroso*) °C e isopletas de la concentración de oxígeno disuelto, intervalos 1 (*Paso Bonito*) y 0,5 (*Pedroso*) mgL^{-1}, de acuerdo con la profundidad y los meses de estudio, en los embalses Paso Bonito (*derecha*) periodo 2006 y Pedroso (*izquierda*) periodo 2003.

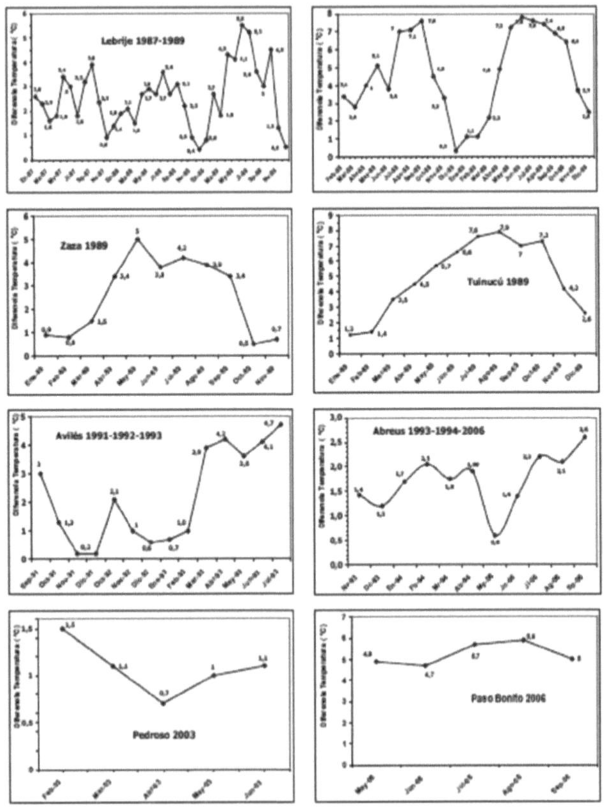

Figura 18. Comportamiento mensual de las diferencias de temperatura entre la superficie y el fondo del agua en los embalses Lebrije (1987-1989), Higuanojo (1988-1989), Zaza y Tuinucú (1989); Avilés (1991-1992-1993), Abreus (1993-1994-2006), Paso Bonito (2006) y Pedroso (2003).

También, en éstos cuatro embalses las mayores diferencias de temperatura se obtuvieron en el período estratificado, alternando entre agosto y septiembre, por lo que analizando éstas de acuerdo al periodo estudiado en cada uno de ellos, Avilés, 1991 y 1992 final del periodo estratificado comienzo de la mezcla y 1993 final de la mezcla y comienzo de la estratificación, la mayor diferencia ocurrió en julio de 1993; Abreus 1993 y 1994, comienzo de la mezcla y su final e inicio del periodo estratificado, la mayor diferencia observada fue en septiembre de 1993 y septiembre de 2006, con diferencia en cuanto a las profundidades alcanzadas como promedio 12 m durante 1993-1994 y 7 m durante 2006.

En Paso Bonito, estudiado durante el inicio y estabilización de la estratificación (Figura 13) se obtuvo que la mayor diferencia fue en agosto de 2006 y por último Pedroso, el cual fue estudiado durante el 2003 en el periodo de mezcla e inicio de la estratificación, la mayor diferencia fue detectada en febrero, con la característica que este embalse presentó como profundidad hasta 5 m. El promedio anual para la diferencia de temperatura en los embalses estudiados fue de 3,1 °C.

Durante los períodos secos (1987 a 1989), la variación vertical de la temperatura en Lebrije fue pequeña (Figura 14), y la temperatura del agua fue comparativamente baja, la estabilidad de la estratificación fue generalmente baja, pero se elevó mucho durante el periodo de precipitaciones correlacionándose con las altas temperaturas del aire y el elevado gradiente vertical en el agua.

En el verano (mayo y julio) de 1988 en Higuanojo se produjo un inusual periodo de fuertes precipitaciones los cuales permitieron el llenado del embalse, la mayor estabilidad (Figura 13) fue observada durante la época de lluvias, cuando las altas temperaturas (Figura 14) prevalecieron y hubo un gradiente vertical definido en el agua.

Zaza, al igual que los otros acuatorios de la provincia, tiene un período de mezcla (Figura 15), con una temperatura del agua casi uniforme desde la superficie hasta el fondo durante los meses de enero y febrero de 1989, sin embargo, el embalse no estuvo completamente mezclado entre febrero y marzo por un decrecimiento de las temperaturas en el aire, lo cual disminuyó la estabilidad de la estratificación; en mayo el incremento de la temperatura del aire y la entrada de agua producto de las fuertes precipitaciones, aumentó la temperatura superficial de la columna de agua (28 °C) y por lo tanto el resultado fueron las condiciones anóxicas por debajo de los 10 m de profundidad, no obstante el embalse mostró un largo período de mezcla, ya que se encontraron altas concentraciones relativas de oxígeno al menos durante seis (6) meses, hacia el fondo y fueron registradas valores de estabilidad de la estratificación muy bajos (Figura 13).

La masa de agua del embalse Tuinucú nunca se mezcló (Figura 15) durante el período estudiado, lo cual fue evidente debido a los gradientes de temperaturas, sin embargo, la estabilidad de la estratificación fue un poco más baja en enero-febrero y diciembre y durante estos meses el límite de la mezcla fue forzado hacia el fondo del acuatorio, pero este límite fue muy estable y las fuertes lluvias del periodo lluvioso no tuvieron efecto sobre la estabilidad.

La irradiación en función de la latitud para la zona en la cual se encuentra la isla de Cuba está en el orden de 23,5-24,4 mJ $m^{-2}día^{-1}$ como valores máximos y valores mínimos de 10,9-15,4 mJ $m^{-2}día^{-1}$ en un año según estudios realizados internacionalmente (Lewis, 2000). Los datos obtenidos del INSMET (Instituto de Meteorología) de las diferentes zonas de estudio muestran que nuestros valores promedio se mueven en un intervalo entre 19,4-24,7 mJ $m^{-2}día^{-1}$, lo cual indica que estos resultados no difieren de los medidos internacionalmente (Figura 12), aunque poseen una mejor precisión, pues son medidos por instituciones nacionales cubanas.

El perfil vertical de los embalses tropicales generalmente exhibe una diferencia pequeña en sus temperaturas, comparadas con aquellos que se localizan en latitudes templadas (Lewis, 2000). Son mínimas cercanas al ecuador (≈1 °C) como ocurre en los lagos Victoria y Albert (África) y un incremento con la latitud (≈3,5 °C) en el lago Nasser, Egipto, 22° N (Serruya y Pollingher, 1983).

El promedio anual 3,1 °C para los embalses estudiados, está bastante cercano a lo que ocurre en el lago Nasser, Egipto, el cual se localiza precisamente en una de la latitud similar a la de Cuba. Umaña (2006) encontró en el embalse Arenal, provincias Alajuela y Guanacaste, Costa Rica que las diferencias entre superficie y fondo fueron 1,8 °C durante la mezcla y 3,0 °C en el periodo estratificado. En los embalses cubanos de este estudio se encontró una diferencia promedio de 1,7 °C para la mezcla y 4,2 °C para la estratificación.

En el embalse Sierra del Rosario, Pérez Eiriz *et al.* (1989a) encontraron que las diferencias de temperatura entre la superficie y el fondo fluctuaron entre 0,6-9,0 °C, aunque en este caso no se aclara si ocurrió en el periodo de mezcla o de estratificación. Al respecto, Grigorszky *et al.* (2000) encontraron en el embalse Kecskészugi-Holt-Körös (Hungría) que la diferencia entre el epi y el hipolimnion fue 9 °C a finales de agosto mientras que en junio de 1995 y 1996 fue de 6 °C.

El efecto combinado de las temperaturas altas absolutas y grandes gradientes térmicos observados entre las latitudes 20-30° N proveen de una máxima estabilidad de la estratificación, sin embargo, hacia el ecuador, esta estabilidad decrece debido a la reducción de los gradientes térmicos, esta interesante propiedad debería ser considerada cuando se construyen los embalses ya que el estancamiento prolongado del agua perjudica la calidad del agua y las pesquerías (Lewis, 2000).

En los ecosistemas lóticos y en los lénticos, se ha descrito durante mucho tiempo que la temperatura juega un papel importante determinando la distribución de la biodiversidad (Ward, 1985). Esto recientemente ha sido desarticulado por el cambio climático inducido por el hombre y aunque esta magnitud, todavía es incierta, está claro que las temperaturas del aire se han incrementado en los últimos años (Verdonschot, 2006).

Un frente frío produce una disminución de: la radiación solar, la temperatura de aire y un aumento en las velocidades del viento de 4-5 a 8-12 m seg^{-1}; el efecto de estratificación y mezcla en la estructura vertical de los embalses poco profundos ($Z_{max} \leq 30$ m) ha sido demostrado bien por Straskraba (1993) y Tundisi *et al.* (2006).

La luz que penetra es afectada por estos procesos y su duración, ésta ultima y la cantidad de la irradiación sobre la superficie del agua depende de la irradiación solar y los procesos de mezcla promovidos por la energía externa que transmite el viento (Reynolds *et al.*, 1993; Reynolds, 1997; Tundisi *et al.*, 2006).

Un embalse parecido a Tuinucú fue el Serra da Mesa que se construyó en 1998 en el arroyo principal del Río de Tocantins, Estado de Goiás, Brasil (13°50-S; 48°18-W), con un volumen de 54 km^3 y un área de 1784 km^2. En la superficie se registra una temperatura de 30 y 25 °C a 20 metros. De esta capa al fondo (50 m) ocurre una isoterma de 24°C (Tundisi *et al.*, 2006).

1.2.2. - Oxígeno disuelto

La estabilidad de la estratificación en el embalse **Lebrije** (Figura 13) fue generalmente baja, aunque la misma se mostró superior durante el periodo lluvioso, correlacionado con las altas temperaturas del aire y el gradiente vertical obtenido y mostrado anteriormente. Durante 1987 la concentración de oxígeno disuelto fue alta en la superficie y su difusión hacia las profundidades, manteniendo un gradiente vertical en la columna de agua, aunque la concentración decreció hacia el fondo (Figura 14) desde el mes de abril hasta octubre 1987.

Entre abril y junio 1988, el embalse se llenó completamente con las precipitaciones del evento climatológico ocurrido en ese periodo, conteniendo por supuesto elevadas cantidades de materia orgánica, por lo que el oxígeno decayó por debajo de los 5 m de profundidad. A partir de este mes el oxigeno permaneció ausente por espacio de cinco meses. Los eventos de mezcla ocurrieron en los dos últimos meses de cada año 1987,1988 y 1989, resultando en concentraciones aceptables para la vida acuática hacia el fondo.

La inusual precipitación ocurrida entre mayo y julio 1988 produjo el llenado completo del embalse **Higuanojo** y en este mes en especial ocurrió que la temperatura superficial disminuyó hasta los 26 ºC, esta situación no ocurría desde 1983. La estabilidad de la estratificación mayor fue observada durante la estación húmeda, cuando las altas temperaturas del aire (Figura 13) prevalecieron y el gradiente térmico en el agua estuvo bien definido.

El evento climatológico extremo tuvo un efecto disruptivo sobre la estabilidad. La concentración de oxígeno disuelto en las partes más profundas del embalse nunca excedió los 3 mgL^{-1}. Al comienzo del estudio en este embalse la estabilidad, la temperatura del agua y el contenido de materia orgánica fueron bajos, favoreciendo las altas concentraciones de oxígeno disuelto en el agua.

En marzo y abril 1988, cuando la temperatura del agua progresivamente se incrementó (Figura 14), junto con el decrecimiento del volumen de agua y el incremento en la estabilidad de la estratificación (Figura 13), se produjo un agotamiento de la concentración de oxígeno disuelto por debajo de los 10 m de profundidad. El evento de llenado descrito anteriormente introdujo grandes cantidades de materia orgánica, por lo que las condiciones anóxicas prevalecieron para la mayor parte del periodo lluvioso en la zona hipolimnética.

La siguiente estación seca, con bajas temperaturas, favorecieron la mezcla y elevaron los niveles de concentración de oxígeno disuelto, teniendo un efecto obvio sobre la circulación del nitrógeno inorgánico. Esta misma escasez del oxígeno disuelto en las partes profundas del embalse fue observada a lo largo de la siguiente estación lluviosa observada durante 1989, concluyendo en este caso en diciembre.

En el embalse **Zaza**, el mayor del país tanto en área como en volumen (Tabla 2), durante enero y febrero-1989 este embalse no se encontraba completamente mezclado como lo indica la estratificación observada del oxígeno. El embalse se mezcló como lo indicó la baja temperatura y la relativamente alta concentración de oxígeno disuelto en las aguas profundas.

En mayo con el comienzo de temporada lluviosa hubo una estratificación relativamente estable (Figura 13), con una temperatura superficial del agua superior a 28 ºC (Figura 15), por lo que se desarrollaron condiciones anóxicas por debajo de los 10 m de profundidad. Entre junio y agosto el embalse se mezcló en más de una ocasión y esto se demuestra porque la temperatura del agua se incrementó 2 ºC.

En este embalse, por sus características morfométricas, los eventos de mezcla se suceden periódicamente y están relacionados con fuertes vientos que se suceden en ocasiones durante la estación húmeda.

Las precipitaciones ocurridas en agosto de 1989 provocaron el incremento de la materia orgánica por lo que se observó un déficit de oxígeno disuelto. El prolongado periodo de mezcla y la inestabilidad e la columna de agua durante estación seca contribuyeron a la concentración de oxígeno disuelto relativamente alta en las profundidades del embalse durante casi 6 meses del estudio.

Aunque, también fueron observados concentraciones bajas de oxígeno, como resultado de altas tasas de descomposición debido a la considerable carga de materia orgánica ocurrida en la estación húmeda.

La estabilidad de la estratificación en **Tuinucú** fue algo baja durante los meses enero-febrero y diciembre-1989 (Figura 13). La estratificación del oxígeno disuelto fue muy pronunciada y su concentración no fue detectada en ocasiones por debajo de los 8 m de profundidad (Figura 15).

El oxígeno, disminuyó debido a la descomposición de la materia orgánica, la cual fue alta durante la estación húmeda cuando las capas aireadas fueron delgadas. Entre noviembre y diciembre, las capas mezcladas se incrementaron hasta una profundidad de 15 m, el oxígeno disuelto decreció en la superficie del agua, evidenciando procesos de oxidación de la materia orgánica presente.

Avilés es un embalse cuya estabilidad de la estratificación fue baja con tendencia al mínimo, comenzando relativamente alta en septiembre y la concentración de oxígeno en los cuatro meses de 1991 (septiembre a diciembre) evidenció que el embalse se encontraba finalizando el proceso de estratificación, ya que este elemento se agotó por debajo de los 10 m en septiembre de 1991, incrementándose hasta una profundidad de 15 m durante octubre de 1991, hasta mezclarse completamente en los meses de noviembre y diciembre de 1991 (Figura 16).

En octubre-1992 la estabilidad se elevó a valores similares a los obtenidos en septiembre de 1991, y después de disminuir nuevamente hacia noviembre y diciembre-1992 entre febrero y julio de 1993, ascendió paulatinamente hasta alcanzar en julio valores elevados (Figura 13). El oxígeno se mostró estratificado al final del proceso, ya que la concentración en octubre de

1992 disminuyó hasta la anoxia a partir de los 9 m. En los meses siguientes del estudio noviembre de 1992 hasta abril de 1993 hubo un fuerte proceso de mezcla, por lo que la concentración de oxigeno alcanzó el fondo del embalse, y aún en mayo-1993 (Figura 16). Aunque esta disminuyó en comparación con los meses anteriores todavía mantuvo niveles de oxígeno muy cercanos al fondo.

En junio y julio-1993 comenzó el proceso de estratificación, evidenciándose por anoxia presente a partir de los 10 m de profundidad, en el periodo en el cual inician las precipitaciones y se incrementan las tasas de descomposición de la materia orgánica alóctona que ha penetrado a los embalses a través de los afluentes.

En el embalse **Abreus** la estabilidad de la estratificación (Fig 13) se mantuvo baja durante noviembre y diciembre-1993 incrementándose a partir de enero-1994 con una disminución ostensible hasta abril-1994. Durante la campaña de mayo-septiembre 2006 la inestabilidad se incrementó paulatinamente hasta valores altos, debido a la poca profundidad de agua alcanzada (7 m) y las altas temperaturas registradas.

La concentración de oxígeno decayó en noviembre-1993 hasta la anoxia por debajo de los 12 m, mezclándose las capas de agua a partir de diciembre-1993, por lo que la presencia de oxígeno estuvo influenciado en el incremento de los nutrientes inorgánicos que se liberan a partir de los procesos de oxidación, la mezcla comienza a disminuir a partir de marzo-abril 1994, por lo que se inicia el proceso de estratificación, dando paso a la anoxia a pesar de la profundidad de 14 m, medida en estos meses.

Durante el 2006 la concentración de oxígeno disuelto fue alta en la superficie y su difusión hacia las profundidades, manteniendo un gradiente vertical en la columna de agua, aunque la concentración decreció hacia el fondo (Figura 16).

La estabilidad de la estratificación en el embalse **Paso Bonito** se mantuvo alta en el periodo de estudio con una profundidad promedio de 12 m (Figura 13). La concentración de oxígeno disuelto fue alta en la superficie y su difusión hacia las profundidades, y aunque se mantuvo un gradiente vertical en la columna de agua, la concentración decreció hacia el fondo, mostrando en mayo-2006 un decrecimiento hasta la anoxia desde los 6 m de profundidad, y aunque la estratificación se mantuvo en los meses siguientes hasta septiembre no fue estable la misma, debido a las precipitaciones ocurridas las cuales no tuvieron aportes significativos de materia orgánica, ya que el oxígeno no disminuyó, manteniendo la anoxia a partir de los 6 y 7 m en los meses siguientes (Figura 17).

Pedroso presentó una estabilidad de la estratificación alta con una disminución en el mes de abril debido a la entrada de un frente frío, que por la zona en la cual se localiza este embalse es factible que las temperaturas hayan disminuido para facilitar la baja estabilidad mostrada (Figura 13). La concentración de oxígeno disuelto fue alta en la superficie y su difusión hacia las profundidades, y aunque se mantuvo un gradiente vertical en la columna de agua, esto fundamentalmente debido a la poca profundidad del agua registrada durante la etapa de estudio, ya que el embalse posee un alto nivel de uso para el riego de la zona sur de la provincia Habana (Figura 17).

El agotamiento del oxígeno (O_2) en el hipolimnion es causado entre otros por las algas planctónicas, las cuales crecen en la superficie del agua, sedimentan a través de la termoclina y se convierten en una fuente de *DBO*[1] en el hipolimnion (Lee y Jones, 1991).

Para algunos acuatorios, el amonio ($N\text{-}NH_4$) presente en el hipolimnion durante la irrupción de la estratificación térmica, ejerce una suficiente demanda de O_2 en las reacciones de nitrificación lo que también provoca la reducción significativa de la concentración de oxígeno disuelto en el hipolimnion. Al respecto se encontró que cerca de la mitad de la disminución del O_2 hipolimnético en el embalse Cherokee, Tennessee, USA, fue debido a la nitrificación, la otra mitad estuvo asociada con la descomposición bacteriana del fitoplancton. En el embalse Sierra del Rosario, (Pérez Eiriz *et al.*, 1986a) determinaron que no influye el nivel trófico para encontrar un fondo anaeróbico en un acuatorio, lo cual ha sido ratificado en este estudio.

El embalse Serra da Mesa (Brasil), presenta hasta 10 m de profundidad una concentración de oxígeno disuelto equivalente a la capa del epilimnion, con el mismo perfil bien oxigenado (7,5 mgO_2L^{-1}). Desde esta profundidad, la reducción gradual de la concentración del oxígeno alcanza 2,2 mgO_2L^{-1} y fue registrada a los 45 m, y entonces un valor uniforme de 1,8 mgO_2L^{-1} de esta profundidad hasta el fondo (Rosa *et al.*, 2002) algo similar ocurre en el embalse Tuinucú.

La desnitrificación puede tener lugar en un contenido de oxígeno por debajo de 0,2-0,3 mgL^{-1} (RÖnner & SÖrensen 1985), pero de acuerdo con Andersen (1974) los micro-ambientes faltos de oxígeno pueden desarrollarse durante condiciones aeróbicas, especialmente cuando la tasa metabólica es alta. Otra posibilidad es que el nitrato (NO_3), debido a la baja estabilidad, puede transportarse hacia abajo a la zona libre de oxígeno y desnitrificarse y el gas formado (N_2) escapa a la atmósfera.

1.2.3. - Saturación de Oxigeno

A continuación, se muestran las concentraciones de oxígeno disuelto en cada embalse expresadas en % de saturación en dependencia de las temperaturas medidas en el agua y la solubilidad del oxígeno atmosférico en el agua de acuerdo con la presión atmosférica, permitiendo de esta forma un análisis más completo de este parámetro para la interpretación del comportamiento del ecosistema acuático, se describen las isopletas elaboradas al efecto:

En *Lebrije* (Figura 19) el mayor % de saturación del oxígeno disuelto en las aguas ocurrió durante el periodo de mezcla de 1989 ya que en los años 1987-1988 su valor más estable en las capas superficiales fue inferior al 95% también durante la mezcla ya que durante la estratificación no se alcanzó el máximo valor y fue observado un valor cercano a cero a profundidades que oscilaron entre 6 y 8 m;

---

[1] DBO = Demanda Bioquímica de Oxígeno.

Higuanojo (Figura 19) durante la mezcla alcanzó hasta el 100% de saturación, mientras que en el periodo estratificado no superó el 90%;

Zaza (Figura 20) invirtió la situación ya que durante el periodo estratificado logró alcanzar hasta el 100% de saturación, mientras durante la mezcla disminuyó hasta el 80%;

Tuinucú (Figura 20) aunque su mezcla fue incompleta durante todo el año 1989 si alcanzó el 100% de saturación;

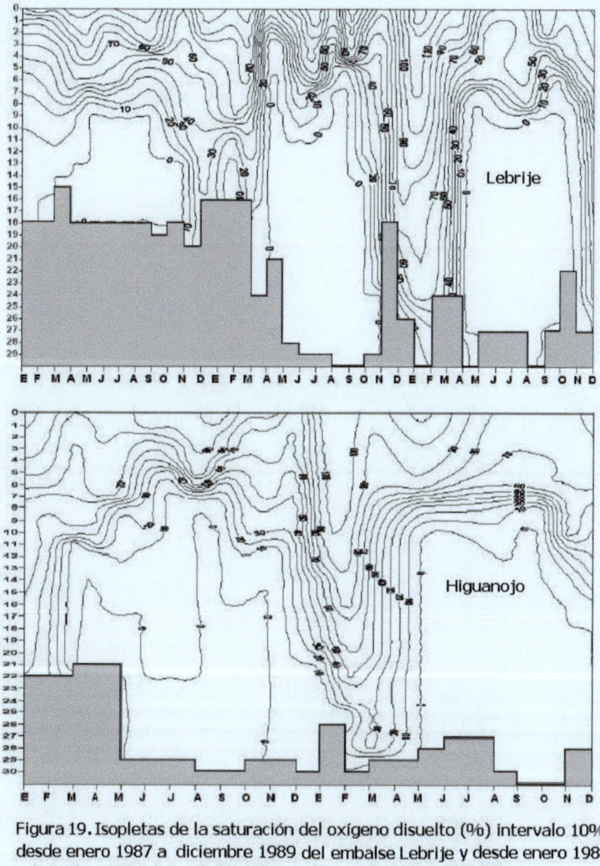

Figura 19. Isopletas de la saturación del oxígeno disuelto (%) intervalo 10% desde enero 1987 a diciembre 1989 del embalse Lebrije y desde enero 1988 a diciembre 1989 del embalse Higuanojo, provincia Sancti Spiritus.

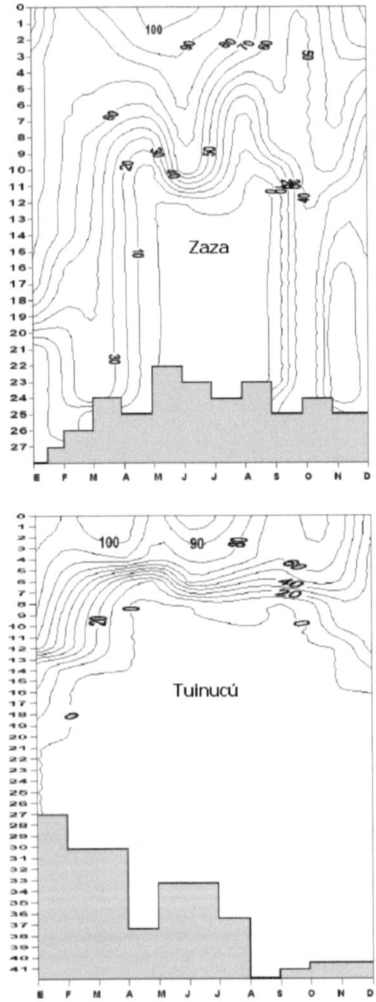

Figura 20. Isopletas de la saturación del oxígeno disuelto (%) intervalo 10% desde enero 1989 a diciembre 1989 para los embalses Zaza y Tuinucú, provincia Sancti Spiritus.

Avilés 1991 (Figura 21) y 1992-1993 (Figura 21) durante la mezcla de 1991 el valor máximo no superó el 90%, y durante la mezcla de 1992 se obtuvo el 100% de saturación, mientras que en el periodo estratificado este valor, en ocasiones fue mayor que 110%;

Abreus 1993-1994 (Figura 21) y 2006 (Figura21) en los periodos estudiados no excedió el 80% de saturación;

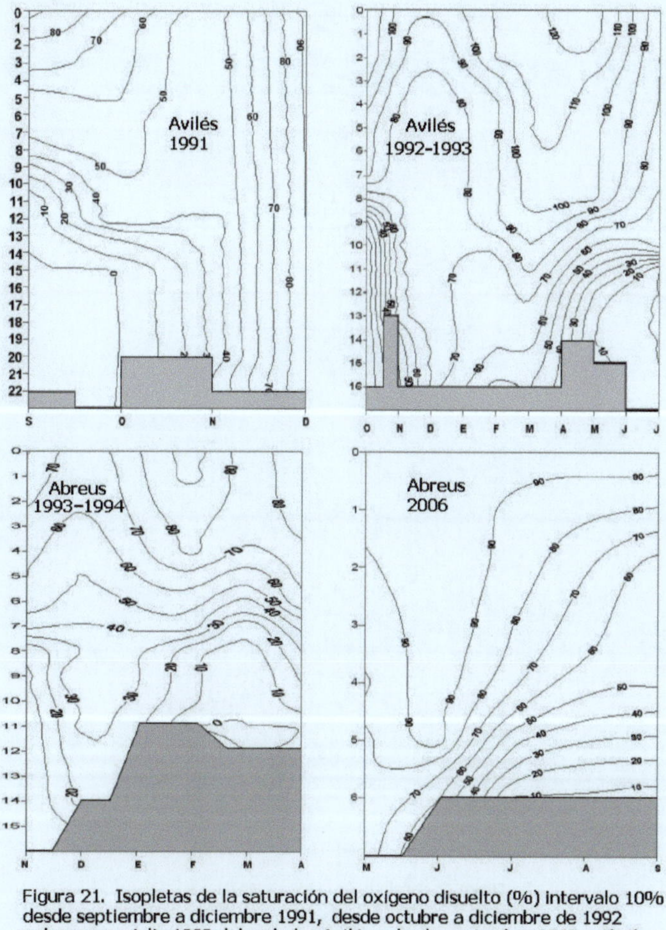

Figura 21. Isopletas de la saturación del oxígeno disuelto (%) intervalo 10% desde septiembre a diciembre 1991, desde octubre a diciembre de 1992 y de enero a julio 1993 del embalse Avilés y desde noviembre 1993 a Abril 1994 y desde mayo a septiembre 2006, provincia Cienfuegos.

Paso Bonito (Figura 22) este embalse presentó un valor inferior al 90% de saturación hacia las capas superficiales disminuyendo a un mínimo del 15% hacia el fondo en el gradiente vertical de la estratificación observada.

Pedroso (Figura 22) a pesar de la mezcla que favorece el gradiente vertical de oxígeno disuelto por la pequeña profundidad, el % de saturación fue solo del 80%.

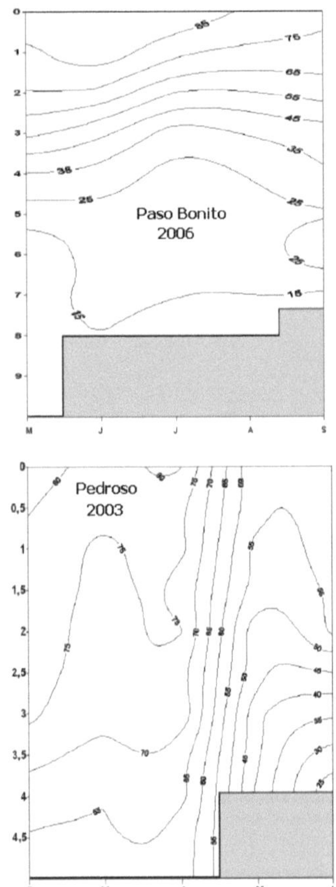

Figura 22. Isopletas de la saturación de oxígeno disuelto (%) intervalo 10% desde mayo a septiembre 2006 embalse Paso Bonito, provincia Cienfuegos y desde febrero a julio 2003 embalse Pedroso, provincia Mayabeque

La calidad del agua descrita cualitativamente en función del porcentaje de saturación de oxígeno en los embalses estudiados fue analizada (Laiz, 2009) y se determinó que su clasificación es predominante buena según Fuentes y Massol-Dayá, (2002) y se destaca que, en el total de las muestras analizadas en cada embalse, corresponden con valores de porcentaje de saturación de oxígeno disuelto >90% en las aguas superficiales: Paso Bonito-75%, Lebrije-73%, Avilés-73%, Abreus-56 %, Tuinucú-40 %, Zaza-40%, e Higuanojo-30%, excepto en Pedroso (0%), donde se obtuvo que el 60% de las muestras se clasificaron de regulares.

1.2.4. - Relaciones térmicas

La temperatura superficial del agua fue correlacionada (Figura 23) con otros valores de temperatura (máxima y la media del aire). En dos de los embalses no fue posible tener acceso a las mediciones de temperatura máxima y media. No obstante, las correlaciones aquí obtenidas para seis de los embalses estudiados, fueron además de positivas significativas ($r_n > r_t$) para una probabilidad ($P_{0,01}$).

De los datos registrados para los embalses, en las provincias Sancti Spiritus y Cienfuegos, se obtuvieron modelos polinomiales de grado tres analizando el comportamiento de la temperatura superficial del agua del embalse con respecto a la temperatura máxima y media del aire, en todos los casos analizados el coeficiente de determinación es superior o cercano a 0,7 (Figura 23).

En este estudio se muestran las curvas de regresión en seis de los embalses con la diferencia que para todos se encontró que hay significación utilizando los modelos polinómicos de grado tres ($T\sup_{agua} = aT_{aire} + bT_{aire}{}^2 + cT_{aire}{}^3$), para las correlaciones entre la temperatura superficial del agua y las temperaturas medias y máximas del aire, con coeficientes de determinación (R^2) entre 0,64 y 0,93 (Figura 23).

Se relacionaron los datos las temperaturas del aire máxima (m) y media (n) con la temperatura superficial del agua de todos los embalses (Figura 23) de la región Central (Sancti Spiritus y Cienfuegos), obteniéndose correlaciones significativas, para ambos grupos, con una población de n = 114 y sus modelos fueron: ***Tw = 2,7836Tma-a – 0,1296Tma-a^2 + 0,0022Tma-a^3 y Tw = 2,0457Tme-a – 0,0715Tme-a^2 + 0,0013Tme-a^3*** para un coeficiente de determinación de $R^2 = 0,72$ y $R^2 = 0,64$ respectivamente (***Tw*** = Temperatura superficial del agua; ***Tma-a*** = Temperatura máxima del aire; ***Tme-a*** = Temperatura media del aire).

La temperatura del agua, se ha reconocido durante mucho tiempo con una influencia importante en la ecología de los ecosistemas acuáticos lénticos. Con estos fines se han elaborado modelos los cuales se utilizan para predecir los efectos de la temperatura sobre el comportamiento del agua dulce (Crisp y Howson, 1982), incluso sobre los salmónidos (Alberdice y Velsen, 1978). Entre estos modelos se encuentran los obtenidos para tres lagos de Gran Bretaña (Mattergill Sike, Red Sike y Rouge Sike) con un coeficiente de determinación de 0,92, 0,89 y 0,93 respectivamente, en este caso se obtiene un modelo lineal muy similar para estos tres ecosistemas Tw = 1,14Ta - 0,30; $Tw = 0{,}98Ta + 1{,}69$ y $Tw = 1{,}15Ta - 0{,}28$. (Tw = temperatura superficial del agua; Ta = temperatura del aire).

Pérez Eiriz *et al.* (1989a) encontraron en el embalse Sierra el Rosario correlaciones positivas entre la temperatura superficial del agua (T_{sup}) y la temperatura del aire (T_{aire}), $R^2 = 0{,}879$ y entre la temperatura superficial del agua ($T\,sup_{agua}$) y la temperatura de fondo del acuatorio (T_{fondo}), $R^2 = 0{,}782$, determinando las curvas de regresión para estas correlaciones:

$$T\,sup_{agua} = 14{,}0043 + 0{,}4572T_{aire} \qquad T\,sup_{agua} = 9{,}10886 + 0{,}57774T_{fondo}$$

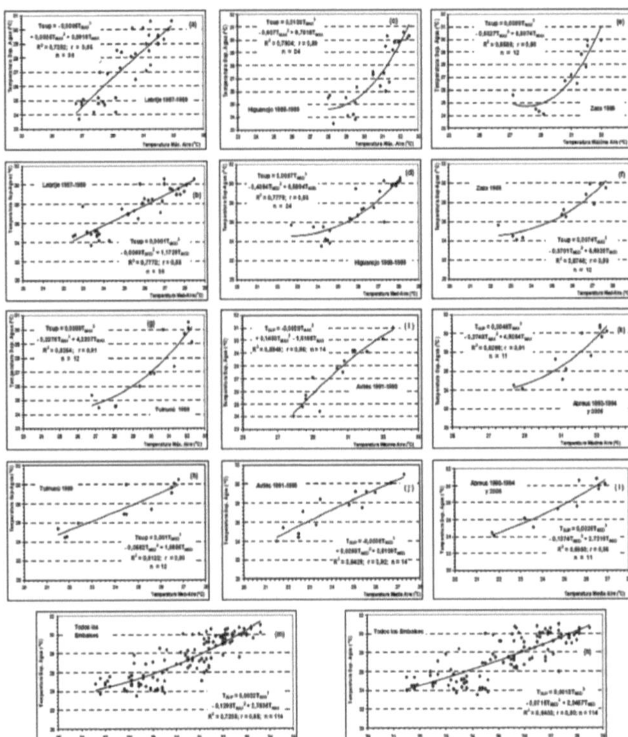

Figura 23. Relaciones entre la temperatura superficial del agua y las temperaturas máximas y media mensual (°C) en los embalses: Lebrije (a, b) (1987-1989); Higuanojo (c, d) (1988-1989), Zaza (e, f); Tuinucú (g, h) (1989); Avilés (i, j) (1991-1993); Abreus (k, l) (1993-1994 y 2006) y con todos los embalses de las provincias Sancti Spiritus y Cienfuegos (m, n).

1.3.- Disponibilidad de nutrientes [nitrógeno (N), fósforo (P) y sílice (Si)]:

En el embalse **Lebrije**, al inicio de esta investigación, gran parte del nitrógeno y fósforo fueron encontrados ligados al material particular y solo pequeñas cantidades de amonio (*N-NH₄*) pudieron hallarse disueltas en el agua (Tabla 9). En abril-mayo de 1988 la población de fitoplancton colapsó al mismo tiempo que aguas enriquecidas con materia orgánica, proveniente de la cuenca hidrográfica penetraron en el embalse.

Estos eventos, estuvieron inter-relacionados y provocaron un incremento en la concentración de amonio hacia el fondo (Figura 24), siendo así que la fracción de nitrógeno fue asimilada en las capas superficiales. Las fuertes lluvias ocurridas a partir de junio de 1988 y aun antes de este mes (Figura 13), contribuyeron incorporando al embalse formas inorgánicas de nitrógeno, fundamentalmente amonio el cual en los estratos más profundos fue parcialmente nitrificado, ya que se observó un incremento en los niveles de nitrito obteniendo como promedio en la columna de agua un valor de 101 μgL^{-1}, posteriormente en los meses siguientes, el nitrato fue asimilado o convertido en nitrógeno molecular ya que no fueron detectados niveles de nitritos.

Tabla 9. Valores promedio anual en los embalses objeto de estudio de los componentes del ciclo del nitrógeno (NO^-_3-N, NO^-_2-N, NH^+_4-N, NIT, Nt, Norg.); el ciclo del fósforo (PO^{-3}_4-P, Pt, P-Lig.), las relaciones N:P (adimensional), la clorofila "a" (todos en μgL^{-1}), la sílice como SiO_2 (mgL^{-1}), y la transparencia medida con el disco Secchi (m).

Embalses	Año	NO^-_2-N μgL^{-1}	NO^-_3-N μgL^{-1}	NH^+_4-N μgL^{-1}	NIT* μgL^{-1}	Nt⁺ μgL^{-1}	N-Org** μgL^{-1}	PO^{-3}_4-P μgL^{-1}	Pt** μgL^{-1}	P-Lig* μgL^{-1}	N:P Nt:Pt	N:P NIT:Pt	SiO_2 mgL^{-1}	Clorofila "a" μgL^{-1}	Disco Secchi m
Lebrije	1988	21 ± 34	84 ± 120	189 ± 163	291 ± 217	- -	- -	19 ± 37	154 ± 174	135 ± 175	- -	2	4,2 ±2,9	11 ± 8.7	1,01 ± 0.36
	1989	11 ± 19	37 ± 42	163 ± 147	215 ± 155	1109 ± 345	894 ± 339	3 ± 6	79 ± 74	76 ± 76	14	3	7,5 ±4,2	10 ± 7.3	1,26 ± 0.3
Higuanojo	1988	9 ± 22	136 ± 130	125 ± 119	270 ± 167	- -	- -	3 ±6	116 ± 238	113 ± 240	-	2	2,3 ±0,9	1,4 ± 0.4	2,55 ± 0.36
	1989	3 ± 5	88 ± 104	292 ± 215	383 ± 145	783 ± 189	400 ± 102	0,2 ± 0	57 ± 29	57 ± 29	14	7	3,6 ±1,2	1,7 ± 0.5	3,22 ± 0.54
Zaza	1989	14 ± 27	38 ± 34	197 ± 133	250 ± 156	863 ± 238	614 ± 221	50 ± 57	136 ± 67	86 ± 40	6	2	2,9 ± 3,9	4,4 ± 2.8	1,39 ± 0.24
Tuinucú	1989	3 ± 6	7 ± 8	329 ± 242	338 ± 235	872 ± 201	534 ± 179	49 ± 46	111 ± 37	62 ± 30	8	3	6,1 ± 2,7	3,2 ± 1.4	1,96 ± 0.34
Avilés	1991	5 ± 7	85 ± 83	414 ± 555	504 ± 513	609 ± 224	506 ± 222	73 ± 77	187 ± 280	104 ± 220	3	3	3,4 ± 1,8	9 ± 7.6	1,79 ± 0.18
	1992-93	5 ± 6	27 ± 31	84 ± 100	116 ± 95	434 ± 199	329 ± 197	33 ± 29	62 ± 28	30 ± 19	7	2	4,1 ± 3,0	6 ± 4.6	1,78 ± 0.42
Abreus	1993-94	11 ± 9	207 ± 148	122 ± 28	339 ± 185	451 ± 90	111 ± 96	3 ± 0.3	16 ± 11	14 ± 11	28	21	8,5 ± 4,2	24 ± 13	1,86 ± 0.87
	2006	7 ± 4	378 ± 588	52 ± 49	424 ± 555	- -	- -	24 ± 17	55 ± 35	31 ± 23	-	8	15,4 ± 0,2	24 ± 14	0,81 ± 0.46
Paso Bonito	2006	7 ± 5	27 ± 10	322 ± 70	357 ± 71	- -	- -	15 ± 10	39 ± 31	24 ± 21	-	9	10,0 ± 1,8	10 ± 6	1,89 ± 0.12
Pedroso	2003	26 ± 59	1499 ± 709	29 ± 28	1319 ± 881	2022 ± 677	703 ± 854	6 ± 6	263 ± 135	258 ± 138	8	5	6,1 ± 0,2	44 ± 14	0,75 ± 0.14

NIT* = Nitrógeno Inorgánico Total Nt⁺ = Nitrógeno Total N-Org** = Nitrógeno Orgánico Pt** = Fósforo Total P-Lig* = Fósforo Ligado

El proceso de nitrificación de amonio (*N-NH₄*), formado producto de la mineralización fue detectado a partir de octubre-1988, relacionado esto último con el mejoramiento de las condiciones de oxigenación en las capas inferiores debido al inicio de la mezcla, completándose la misma en diciembre-1988 cuando alcanzó valores considerables hacia el fondo del embalse (Figura 14).

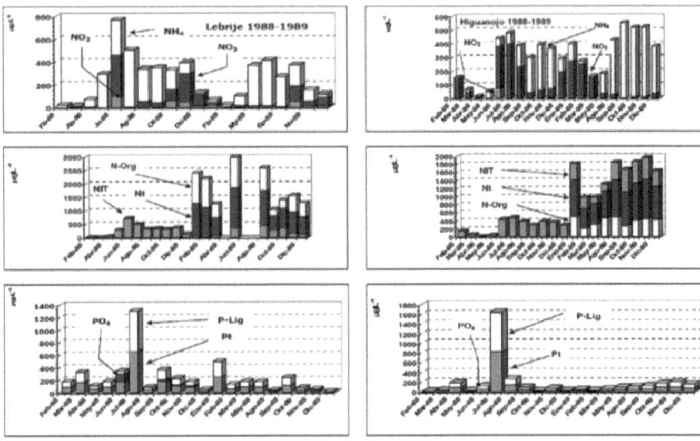

Figura 24. Comportamiento mensual promedio en la columna de agua del amonio (N-NH_4), nitrato (N-NO_3) y nitrito (N-NO_2), nitrógeno inorgánico total (NIT), nitrógeno total (Nt), nitrógeno orgánico (N-org), fósforo total (Pt), fosfato (P-PO_4) y fósforo ligado (P-lig), expresados en μgL^{-1}, en los embalses Lebrije e Higuanojo (1988-1989).

Durante el periodo comprendido entre diciembre de 1988 y septiembre de 1989 todas las formas inorgánicas del nitrógeno fueron encontradas a pesar de la elevada concentración de biomasa del fitoplancton. El fósforo fue también asimilado en las capas superficiales, durante los eventos climáticos extremos ocurridos en el periodo. El fosfato se manifestó igualmente que el nitrógeno a partir del mes de mayo de 1988, aunque a partir de diciembre de 1988 hasta finales de 1989 este elemento no estuvo presente, indicando de esta forma que este elemento limitó la producción primaria y una fuerte indicación al respecto fue que la biomasa no se incrementó hasta tanto la concentración de fosfato se incrementó, ocurriendo esto a partir de junio de 1988.

En el fósforo ligado se encuentran los vinculados con los organismos planctónicos y aquellos considerados partes de minerales disueltos en el agua, pero que no participan en el desarrollo de la vida como ocurre con el ortofosfato. El valor medio de las concentraciones de los componentes del ciclo del fósforo y su variación, tanto en el tiempo como en su distribución vertical en la columna de agua, se muestra en la Figura 24.

Otro nutriente importante para el desarrollo del fitoplancton es la sílice medido como dióxido de sílice (*SiO_2*), aunque todo indica que las aguas superficiales en Cuba poseen altos niveles de sílice (*Si*) independiente del periodo de tiempo según se observa en la Figura 25. Lebrije presentó valores promedio anuales similares para 1988 y 1989 (Tabla 9), con valores máximo (febrero de 1989) y mínimo (abril de 1988) ambos en el periodo de mezcla (sus inicios, ya establecida o final de la misma).

En el periodo húmedo los aportes de este nutriente son significativos, pero se incorpora absorbido a otros minerales, y posteriormente por las reacciones de oxidación-reducción que se producen en los embalses, es que los mismos se liberan, esto ocurre en ambos años entre los meses de mayo-julio, periodo en el cual se incorporan la mayor cantidad de nutrientes al ecosistema debido a las precipitaciones que ocurren. El comportamiento promedio en la columna de agua fue para este embalse un gradiente casi recto entre las capas superficiales y el fondo, varió considerablemente en 1988 y 1989.

Higuanojo (1988-1989), al igual que Lebrije estuvo influenciado por el evento climático (Figura 13) extremo (1988). En este periodo inicial, el nivel de agua en el embalse fue bajo, observándose que la concentración de las formas nitrogenadas nitrito, nitrato, amonio, nitrógeno total y nitrógeno orgánico fueron relativamente bajas en el periodo de estudio, al menos durante el primer año (Tabla 9). La concentración de amonio ($N\text{-}NH_4$) se incrementó indicando un posible efecto del sedimento. El nitrógeno inorgánico total (*NIT*) estuvo casi siempre disponible para la producción primaria en la superficie del agua; la concentración de nutrientes fue baja en general entre febrero y marzo de 1988 y a partir de junio de 1988 coincidiendo con el llenado del embalse, hubo un incremento en la concentración de nitrato. Esta incorporación fue parcialmente desnitrificada a nitrógeno (N_2), lo cual fue motivado por el incremento de nitrato durante el periodo cálido.

Hubo un incremento del amonio, debido a la entrada inusual de materia orgánica procedente de la cuenca hidrográfica. La descomposición de esta última contribuyó al agotamiento del oxígeno (Figura 14) en las capas profundas del embalse, acumulándose el amonio en esta zona (Figura 24).

Cuando la concentración de oxigeno se incrementó como resultado de la mezcla al comienzo del mes de octubre de 1988, el amonio fue oxidado transformándose en nitrato, desnitrificándose durante febrero y marzo de 1989. La desnitrificación no fue completa, debido a la baja concentración de fósforo (*P*), por lo cual decreció la eficiencia de las bacterias desnitrificantes. A partir de mayo-1989 el embalse recibió más nitrógeno orgánico, el cual fue descompuesto e incorporado como amonio a las aguas profundas. Este último fue nitrificado en la superficie y el nitrato resultante fue desnitrificado como nitrógeno (N_2).

El fósforo (*P*) fue limitante (Figura 24) para la producción primaria en este embalse. La concentración de fosfato ($P\text{-}PO_4$) estuvo siempre por debajo del límite de detección (1 μgL^{-1}), excepto para mayo de 1988, cuando este constituyó una elevada proporción del fósforo total (*Pt*) en el epilimnion. Para el resto del tiempo el fósforo estuvo ligado a minerales, ya que no hubo incremento en la biomasa del fitoplancton y las variaciones estuvieron relacionadas con las entradas de agua durante las precipitaciones.

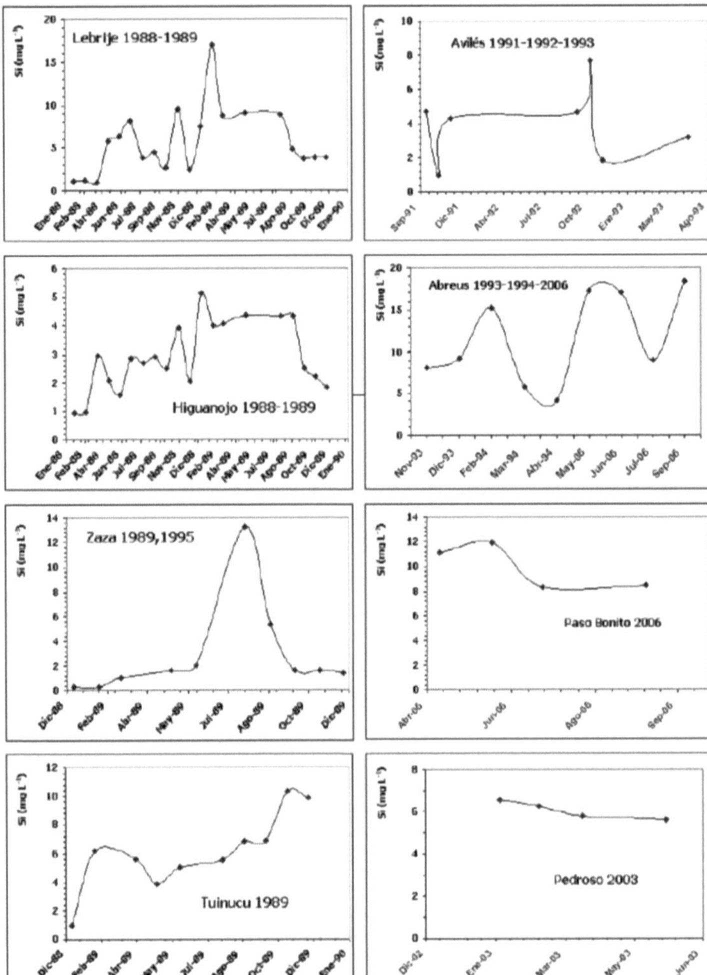

Figura 25. Comportamiento promedio mensual de la sílice (Si) expresado como SiO_2 (mg L^{-1}) en la columna de agua de los embalses: Lebrije e Higuanojo (1988-1989), Zaza y Tuinucú (1989), Avilés (1991-1992-1993), Abreus (1993-1994-2006), Paso Bonito (2006) y Pedroso (2003).

La sílice en Higuanojo presentó valores promedio anuales en 1988 y 1989 respectivamente (Tabla 9), con valores máximo (enero de 1989) y mínimo (febrero de 1988) ambos en el periodo de mezcla. En el periodo húmedo los aportes de materia orgánica fueron altos (junio de 1988). Sin embargo, las concentraciones no se elevaron hasta los meses julio y septiembre de 1988 y entre los meses de abril y julio de1989. El comportamiento promedio en la columna de agua (Figura 25) en este embalse, mostró un gradiente con pocas variaciones entre las capas superficiales y el fondo en 1988 y 1989.

En **Zaza,** en enero de 1989, las concentraciones del nitrógeno inorgánico fueron: nitrito (4 μgL^{-1}), nitrato (34 μgL^{-1}) y amonio (184 μgL^{-1}), los altos niveles de este último se observaron tanto en la superficie como hacia el fondo. Al comenzar el periodo lluvioso (Figura 26), la materia orgánica incorporada se degrada, transformándose en las concentraciones promedio de amonio de la columna de agua: 309 μgL^{-1} en mayo, 209 μgL^{-1} en junio, 308 μgL^{-1} en agosto y 466 μgL^{-1} en septiembre, disminuyendo posteriormente hasta el periodo de pérdida de la estratificación y comienzo de la mezcla. En estas últimas etapas, el amonio disminuyó a 169 μgL^{-1} en octubre, 125 μgL^{-1} en noviembre y 102 μgL^{-1} en diciembre. El valor promedio mensual de amonio para el año fue de 197 μgL^{-1} (Tabla 9).

El fosfato ($P\text{-}PO_4$) no fue detectado en las capas superiores durante la primera mitad del año, por lo que sus valores promedio (Figura 26) reflejan las concentraciones de este elemento hacia las capas profundas. Su concentración sólo fue detectada en enero y no se detectó nuevamente hasta junio debido a los aportes de materia orgánica, lo cual continuó incrementándose entre agosto y septiembre, declinando entonces hacia octubre, noviembre y diciembre.

La sílice en Zaza presentó valores promedio anuales de 2,9 mgL^{-1} para 1989 (Tabla 9), con valores máximo (julio) y mínimo (enero), el primero durante la estratificación y el mínimo en el periodo de mezcla. Aunque en el periodo lluvioso (mayo-octubre) (Figura 13) los aportes son significativos (Figura 25), todo indica que este nutriente se incorpora absorbido en otros minerales y posteriormente las reacciones de oxidación-reducción producen la liberación del mismo. Las concentraciones de sílice se elevaron a partir del mes de mayo, periodo en el cual se incorporan la mayor cantidad de nutrientes al ecosistema.

En **Tuinucú** (1989), a pesar de que el volumen del embalse estuvo en su máximo nivel de operación en este periodo, en enero las concentraciones del nitrógeno inorgánico (Tabla 9) fueron las más bajas registradas durante el estudio: nitrito (19 μgL^{-1}), nitrato (20 μgL^{-1}) y amonio (35 μgL^{-1}), con niveles de oxígeno altos hasta los 10 m de profundidad, ya que hacia el fondo el embalse se mantuvo anóxico (Figura 15) durante todo el periodo de estudio. Antes de comenzar el periodo lluvioso (Figura 26), en febrero hubo un incremento de materia orgánica motivado por precipitaciones inusuales que en ocasiones ocurren durante el invierno tropical, la cual posteriormente se estabilizó y su incremento se observó a partir de mayo donde la estratificación fue mas estable y la nitrificación no se produjo debido a la mezcla incompleta que ocurrió.

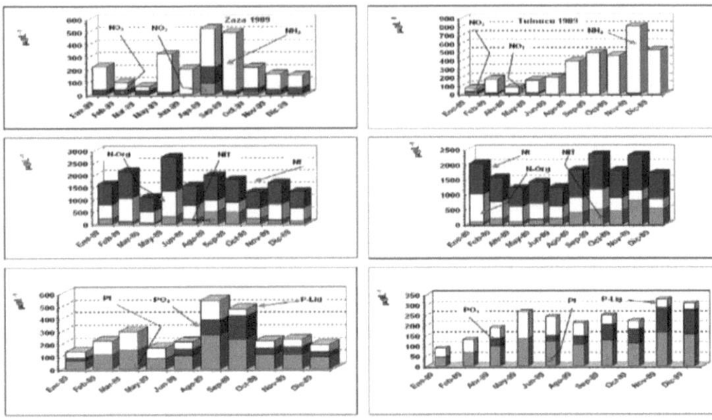

Figura 26. Comportamiento mensual promedio en la columna de agua del amonio ($N\text{-}NH_4$), nitrato ($N\text{-}NO_3$) y nitrito ($N\text{-}NO_2$), nitrógeno inorgánico total (NIT), nitrógeno total (Nt), nitrógeno orgánico (N-org), fósforo total (Pt), fosfato ($P\text{-}PO_4$) y fósforo ligado (P-Lig), expresados en μgL^{-1}, en los embalses Zaza y Tuinucú (1989).

Aunque hubo procesos de nitrificación y desnitrificación en la columna de agua, esta siempre ocurrió al menos la primera en los primeros 12 m de profundidad, y la desnitrificación liberó nitrógeno molecular (N_2), por lo que la descomposición de la materia orgánica, fue capaz de mantener concentraciones elevadas de amonio (801 μgL^{-1}) en noviembre.

La materia orgánica que penetró a partir de mayo y hasta junio, agosto y septiembre, fue degradada, favoreciendo concentraciones de amonio que aumentaron posteriormente hacia finales del supuesto periodo de pérdida de la estratificación y comienzo de la mezcla, la cual como ya expresamos no ocurrió. Esto indicó un incremento de materia orgánica por precipitaciones en octubre, noviembre y diciembre respectivamente (Figura 13) asociados a los frentes fríos.

El fosfato ($P\text{-}PO_4$) no fue detectado en las capas superiores durante los primeros meses del año, por lo que sus valores promedio reflejan las concentraciones de este elemento hacia las capas profundas (Figura 26). Su concentración sólo fue detectada en abril y no se detectó nuevamente hasta junio debido a los aportes alóctonos y/o autóctonos, con incrementos hacia noviembre y diciembre.

Los valores anuales promedio de sílice en Tuinucú (Tabla 9), fueron relativamente altos, con valores máximo (noviembre) y mínimo (enero) ambos en el periodo de mezcla. Aunque durante el resto del periodo de mezcla hubo un incremento, el cual se mantuvo en la estación húmeda (mayo-octubre) hasta alcanzar los valores máximos al inicio de la mezcla, la misma no llegó a completarse. La distribución vertical promedio de sílice (Figura 25) se observó con un incremento de la concentración hacia las profundidades fundamentalmente en la zona anóxica.

En **Avilés,** en el periodo de estudio (1991 a 1993) donde se analizó el nitrógeno, fue para el final del periodo estratificado de 1991 e inicios de la mezcla, también fue muy similar para 1992 y en 1993 solo se estudió parte del periodo estratificado. El nitrógeno inorgánico (Figura 27) se mostró alto en el mes de septiembre-1991, lo cual indica que hubo un aporte de materia orgánica durante las precipitaciones y en su descomposición fueron obtenidas concentraciones elevadas de amonio, las cuales se nitrificaron a partir de octubre, favoreciéndose este proceso debido a la oxigenación de las capas profundas del embalse, lo cual comenzó a partir de octubre (Figura 16).

Los componentes del nitrógeno inorgánico alcanzaron su máximo de amonio 758 μgL^{-1}, en septiembre de 1991 y por el proceso de nitrificación disminuyó en diciembre, incrementándose paulatinamente el nitrato hasta alcanzar en diciembre 177 μgL^{-1}. El nitrito, debido a su inestabilidad osciló entre 0,7 μgL^{-1}, ascendió a 17,8 μgL^{-1} y finalizó en 2,6 μgL^{-1}. De modo similar ocurrió en el siguiente periodo octubre a diciembre de 1992 con un máximo de amonio, nitrificándose el mismo debido a la concentración de oxígeno (Figura 16) hasta alcanzar en diciembre valores de nitrato superiores al amonio presente.

Sin embargo, en julio de 1993 el amonio comenzó a incrementarse durante la estación húmeda, alcanzando el amonio un valor de 84 μgL^{-1}. El nitrógeno total pudo medirse a partir de diciembre de 1991, el nitrógeno orgánico producido o adicionado hacia las capas superiores, donde también estuvo presente (Figura 27), fue parcialmente descompuesto en ellas, aunque la fracción principal sedimentó, lo cual resultó en un incremento de los niveles de nitrógeno total y acumulación de amonio en las capas anóxicas.

En las capas productivas ocurrió un patrón de consumo similar para el fósforo, sobre el cual también se apreció un proceso de sedimentación hacia las profundidades (Figura 27). Un efecto similar a la descomposición de la materia orgánica y la nitrificación en los periodos de mezcla y estratificación, fue la concentración de fosfato ($P\text{-}PO_4$), la cual se incrementó muy rápidamente por debajo de la profundidad de 8 m, con valores de 231 μgL^{-1} hacia la zona anóxica.

Los valores anuales promedio de sílice (Figura 25) fueron los menores para la provincia entre 1991-1992-1993, con valores máximo (noviembre de 1992) y mínimo (noviembre de 1991), ambos en el periodo de mezcla. La distribución vertical promedio se observa con un incremento de la concentración promedio de sílice (Tabla 9) hacia las profundidades fundamentalmente en la zona anóxica.

Los nutrientes en el embalse **Abreus**, en el periodo de estudio 1993-1994-2006 (Figura 27), tienen un comportamiento acorde con las características morfométricas (Tabla 2) de este ecosistema, debido a lo cual los niveles de oxígeno son relativamente elevados hasta el fondo (Figura 16). En el periodo 1993-1994 el estudio se desarrolló entre noviembre de 1993 hasta abril de 1994, por lo tanto, fue abarcado el periodo de mezcla desde sus inicios hasta precisamente su finalización atravesando su periodo estable.

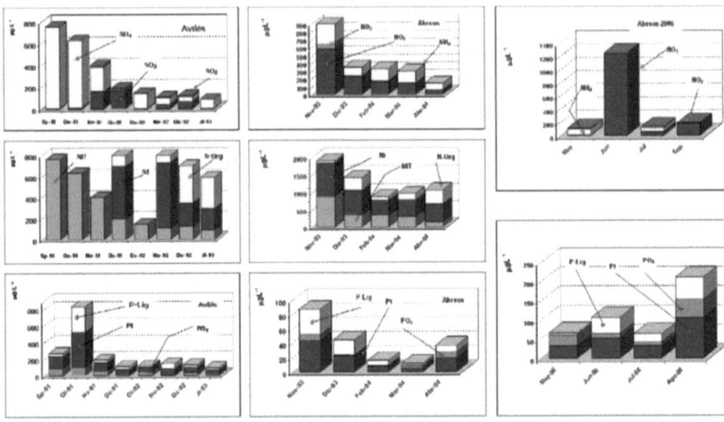

Figura 27. Comportamiento mensual promedio en la columna de agua del amonio (N-NH$_4$), nitrato (N-NO$_3$) y nitrito (N-NO$_2$), nitrógeno inorgánico total (NIT), nitrógeno total (Nt), nitrógeno orgánico (N-org), fósforo total (Pt), fosfato (P-PO$_4$) y fósforo ligado (P-Lig), expresados en μgL^{-1}, en los embalses Avilés (1991-1992-1993) y Abreus (1993-1994-2006).

El nitrógeno inorgánico fue relativamente alto en noviembre-1993 y aunque el amonio en el proceso de descomposición de la materia orgánica se mostró elevado, fue de inmediato nitrificado por las condiciones óxicas del embalse (Figura 27), convirtiendo en alguna medida este amonio en nitrato. Las concentraciones de nitrito estuvieron elevadas en sus inicios, pero posteriormente disminuyeron hasta no detectarse; no obstante, los valores promedio del periodo 1993-1994 (Tabla 9), en su distribución vertical, mostraron que las concentraciones se incrementaron hacia las profundidades con respecto a los tres nutrientes que se analizan como inorgánicos (*N-NO$_2$*, *N-NO$_3$* y *N-NH$_4$*).

El proceso de nitrificación mantuvo elevados los valores de nitrato al igual que los de nitrógeno total, por lo cual el nitrógeno orgánico fue adicionado a las capas superiores y el resto se desnitrificó, disminuyendo el mismo en la distribución vertical comparado con el inorgánico y con el total. Durante el año 2006 (Figura 27) en el periodo mayo-septiembre se procedió al análisis nuevamente de este ecosistema y se encontró una situación muy similar con respecto al comportamiento de la concentración de amonio y de nitrato, debido a una fuerte nitrificación a pesar del inicio de la temporada húmeda y la estabilidad de la estratificación. En este periodo las concentraciones de amonio fueron mínimas, sin embargo, el nitrato alcanzó su valor más elevado (1.253 μgL^{-1}).

La presencia de fosfato (*P-PO$_4$*) se mantuvo durante todo el periodo de estudio obteniéndose una respuesta biológica, concentración promedio de clorofila "a" elevada (1993-1994-2006). En el primer periodo estudiado inicio de mezcla, la tendencia fue a su disminución por lo que se evidencia que fue utilizado ampliamente y en el 2006 (Figura 27) "periodo estratificado" su concentración siempre estuvo elevada, aunque la respuesta biológica se observó en forma similar como promedio en ambos periodos de estudio.

El valor anual promedio de sílice (Figura 25) fue la segunda menor concentración (1993-1994) en Cienfuegos, con valores máximo (febrero de 1994) y mínimo (abril de 1994), ambos en el periodo de mezcla. Durante el periodo 2006, su valor promedio anual (Tabla 9) fue el mayor de todos los registrados, con valores máximo (septiembre) y mínimo (julio), ambos en el periodo estratificado. La distribución vertical promedio se observó con un incremento de la concentración promedio de sílice hacia las profundidades, en ambos periodos, fundamentalmente hacia el fondo, a pesar de la concentración de oxigeno en la misma.

En **Paso Bonito**, los nutrientes (Tabla 9) durante el periodo mostraron un promedio mensual de nitrógeno inorgánico alto (Figura 28), principalmente la concentración de amonio ($N\text{-}NH_4$) acorde con las condiciones del proceso de estratificación que se inició en mayo y que se mantuvo hasta la culminación del estudio, no hubo nitrificación por el déficit de oxígeno hacia las zonas profundas (Figura 17), las cuales se mantuvieron anóxicas. La incorporación de materia orgánica durante la estación húmeda, aportó las concentraciones de amonio medidas y niveles de nitrato y nitrito, los que unidos por los procesos de reducción fueron transformados en nitrógeno total o molecular (N_2). La variación vertical del nitrógeno inorgánico se incrementa hacia la zona anóxica, excepto para el nitrato el cual se desnitrifica producto del déficit de oxígeno y por tanto ocurre una reacción de reducción.

El fosfato ($P\text{-}PO_4$) estuvo presente en todo el periodo participando como el amonio en la descomposición de la materia orgánica que ingresa debido a las precipitaciones, en la medida que se estabilizan la columna de agua y el proceso de estratificación. Este elemento se incrementó paulatinamente favoreciendo una respuesta biológica (Figura 28) que se destaca por la biomasa anual promedio medida por la clorofila "a".

Los valores anuales promedio 10 mgL^{-1} (Tabla 9) de sílice (Figura 25) fueron altos comparados con Avilés y Abreus, con valores máximo 11,9 mgL^{-1} (junio) y mínimo 8,3 mgL^{-1} (julio), ambos en el periodo estratificado. La distribución vertical promedio se observó con un incremento de la concentración promedio de sílice hacia las profundidades, excepto que en la capa cercana al fondo decrece rápidamente, lo cual está relacionado con su utilización o sedimentación, ya que la concentración de oxígeno a partir de los 7 m en este embalse estaba deficitaria.

En **Pedroso**, con características especiales por su morfometría (Tabla 2), mostró un patrón de nutrientes inorgánicos (Figura 28) considerados como elevados, entre los cuales se destaca, principalmente, el nitrato ($N\text{-}NO_3$) cuyas concentraciones fueron superiores a 1 mgL^{-1} (Tabla 9). Esto ocurre en casi todos los meses estudiados, excepto durante el mes de mayo y junio, coincidiendo esto último con el inicio del periodo húmedo o inicio de la estratificación, la cual no se produce en el mismo debido a su poca profundidad, manteniéndose mezclado todo el periodo.

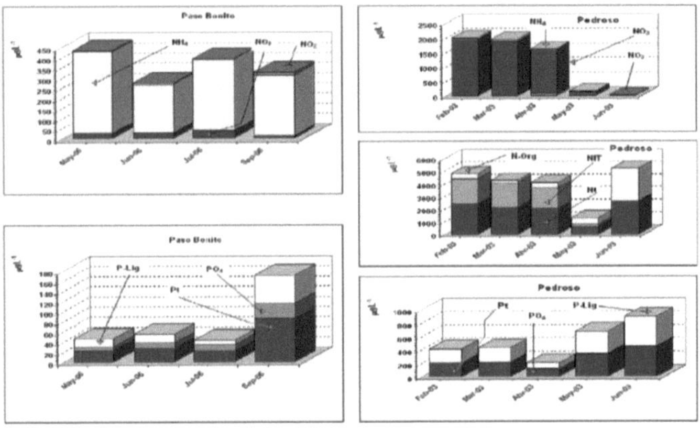

Figura 28. Comportamiento mensual promedio en la columna de agua del amonio ($N\text{-}NH_4$), nitrato ($N\text{-}NO_3$) y nitrito ($N\text{-}NO_2$), nitrógeno inorgánico total (NIT), nitrógeno total (Nt), nitrógeno orgánico (N-org), fósforo total (Pt), fosfato ($P\text{-}PO_4$) y fósforo ligado (P-lig), expresados en μgL^{-1}, en los embalses Paso Bonito (2006) y Pedroso (2003).

Debido a ello, la descomposición de la materia orgánica que se incorpora al embalse producto de las precipitaciones (Figura 13), se transforma en amonio e inmediatamente se produce la nitrificación, por la concentración de oxígeno presente hasta el fondo (Figura 17). El nitrógeno inorgánico (*NIT*) estuvo siempre disponible para la producción primaria. El nitrógeno total y orgánico presentó concentraciones altas en ambos, significando que el último estuvo disponible en todas las capas, principalmente en las superficiales, para uso por los productores primarios.

El fosfato (Figura 28) estuvo presente en todos los estratos y el mismo fue transformado de inmediato, al igual que la materia orgánica, y al estar disponible, fue utilizado y contribuyó a la producción primaria, aunque el fósforo en general estuvo disponible, también se sedimentó en parte, producto de la oxidación, observándose un descenso hacia las profundidades en la distribución vertical del mismo.

Los valores anuales promedio de sílice (Figura 25) pueden compararse (Tabla 9) con los obtenidos en Lebrije y Tuinucú, con valores máximo (febrero) y mínimo (junio), compartiéndose los periodos de mezcla y estratificación. La distribución vertical promedio se observó con un incremento de la concentración promedio de sílice hacia las profundidades.

El mismo patrón de entrada de material orgánico (ocurrido en Lebrije), la descomposición en el embalse y la desnitrificación fue repetida en 1989, lo cual también fue descrito para el lago Kinneret (Israel) por Cavari y Phelps (1975) y Serruya *et al.* (1975) con un máximo de desnitrificación hipolimnética.

El conocimiento de las variaciones vertical y temporal de la temperatura y el oxígeno disuelto son necesarios para predecir el fósforo que se libera de los sedimentos, de ahí la importancia de estas mediciones. Aún a corto plazo, la estratificación con el desarrollo de condiciones anóxicas afectan una amplia área de la superficie de los sedimentos (Straus y Ratte, 2002).

Respecto a los nutrientes, Hubble y Harper (2000) encontraron durante su estudio en el lago Naivasha, Kenya, que el nitrógeno es el elemento limitante en comparación con el fósforo y que generalmente las algas prefieren la forma amoniacal a las de nitrato para su desarrollo. Mitamura (2000) el cual desarrolló investigaciones en 17 estanques artificiales formados por el manejo del río, determinó que el fitoplancton utiliza preferiblemente el amonio (*N-NH_4*) y en algunos casos prefiere el nitrato (*N-NO_3*), lo cual influye sobre el estado fisiológico del plancton y su crecimiento específico.

Los embalses se conciben normalmente como fuentes para los nutrientes, eliminando menos nutrientes que los que entran. Los nutrientes se pierden a través de la sedimentación y la desnitrificación. En la cuenca hidrográfica con lagos que tienen tiempos de residencia de varios años, la sedimentación de los nutrientes empobrece el sistema aguas-abajo. Sin embargo, la escala de tiempos anuales no es pertinente para muchos aspectos del transporte de nutrientes y las respuestas biológicas. En muchas cuencas, se introducen los nutrientes en los pulsos durante chubascos (Dahm *et al.*, 2003).

Si ellos atraviesan rápidamente una cuenca simple, la productividad también será por pulsos y el flujo de nutrientes después será relativamente bajo en el ecosistema. En contraste, la retención física y reciclaje de nutrientes en las cuencas hidrológicas con embalses sostienen la productividad a niveles superiores que en los afluentes.

Durante el periodo ha ocurrido que en ocasiones algunos ecosistemas han estado limitados por la presencia de fósforo y aunque no se han ejecutado investigaciones de este tipo, es conveniente que en un futuro se analice lo planteado por diferentes autores, los cuales se refieren a la deposición atmosférica de fósforo (*P*), por ser una fuente importante de nutrientes a los ecosistemas acuáticos lénticos (Migon y Sandroni, 2000).

En ecosistemas dónde la disponibilidad de este elemento es baja, la variación estacional en sus entradas podría contribuir potencialmente a la variación temporal en las poblaciones de biota o procesos del ecosistema que son limitados por fósforo (P) (Stelzer *et al.,* 2002). La eficiencia e importancia del proceso de desnitrificación para deshacerse del nitrógeno presente en los ecosistemas acuáticos ha sido observada en el estudio del nitrógeno inorgánico total durante el periodo julio a diciembre 1988 en el embalse Lebrije.

Tanto la sílice (*Si*) como el fosfato (*P*) son absorbidos específicamente en la superficie de los óxidos de hierro y aluminio (Gehlen y Van Raaphorst, 2002). Subsecuentemente la desabsorción es uno de los principales factores, que regulan la disponibilidad de fósforo (*P*) disuelto en el sedimento bajo condiciones aeróbicas. La competencia por la Sílice (*Si*) ejerce influencia sobre el ciclo del P en la superficie del sedimento (Tallberg y Lehtoranta, 2005), por ejemplo: después de la deposición de las diatomeas que han dominado durante el florecimiento de la primavera (final de la estratificación), ocurre entonces una fácil liberación de sílice (*Si*) (Tallberg y Koski-Vähälä, 2001; Tallberg y Lehtoranta, 2005; Launhardt *et al.*, 2006).

Betancourt *et al.* (2009b) estudiaron el embalse Paso Bonito determinando los nutrientes presentes, al respecto los autores realizaron el análisis en muestras sin filtrar por lo que incluyeron tanto el contenido disuelto (inorgánico) como el orgánico (suspendido). No obstante, los valores observados por los autores en cuanto a la composición nitrogenada, (nitrito, nitrato y amonio) del ecosistema, son representativos de un embalse cuya calidad de agua permite el empleo para su potabilización.

1.4.- Materia orgánica (COT, DQO y $DBO_5^{20°C}$).

El material orgánico fue medido utilizando técnicas que evidenciaron el consumo de oxigeno para la degradación del mismo. El carbono orgánico total (*COT*), la demanda química de oxigeno (*DQO*) y la demanda bioquímica de oxigeno ($DBO_5^{20°C}$).

Durante la estación húmeda, en el embalse **Lebrije**, el material orgánico que penetró en el mismo embalse disminuyó el oxígeno (Figura 14) permaneciendo ausente por el resto del verano por debajo de los 5 m. La variación vertical en la columna de agua, de todos los embalses, (Figura 29) del material orgánico incorporado durante las precipitaciones medidas como carbono orgánico total, muestran como ocurre el consumo del oxigeno en los diferentes estratos para lograr degradarla.

En Lebrije la proporción de carbono ligada al fitoplancton fue mucho mayor que durante periodos con una biomasa elevada. El efecto combinado de la descomposición de materia orgánica alóctona y autóctona incrementó fuertemente la concentración de nutrientes inorgánicos, pero no hubo una respuesta significativa en el fitoplancton, debido parcialmente a la baja productividad en las diferentes capas y a las entradas de minerales que enriquecieron la turbiedad y diluyeron las aguas.

La variación anual (7,5 a 8,2 mgL^{-1}) entre 1988 y 1989, del carbono orgánico total (*COT*), con máximos para agosto-1988 (17,2 mgL^{-1}) y febrero-1989 (18,3 mgL^{-1}) en ambos casos en las capas superficiales, lo que evidencia en el primer año una participación activa del material alóctono que ingresó en el periodo lluvioso, ocurriendo lo mismo a inicios de 1989, pero debido a la entrada de un frente frío con abundante lluvia (87 mm).

La demanda química de oxigeno (*DQO*) presentó máximos en noviembre de 1988 y en febrero de 1989, en ambos casos en el estrato superficial (0 a 4 m). De igual forma para ambos años, en la demanda bioquímica de oxigeno ($DBO_5^{20°C}$) se determinaron máximos en marzo de 1988 y noviembre de 1989, para el estrato superficial (0 a 4 m) y hacia el fondo respectivamente (Figura 29). En ambos casos esto coincidió con los picos que ocurren a inicios de la mezcla o la mezcla ya establecida, producto de precipitaciones que acompañan a los frentes fríos o como en el caso del mes de noviembre que hayan ocurrido lluvias que provocaran el ingreso de materia orgánica degradable.

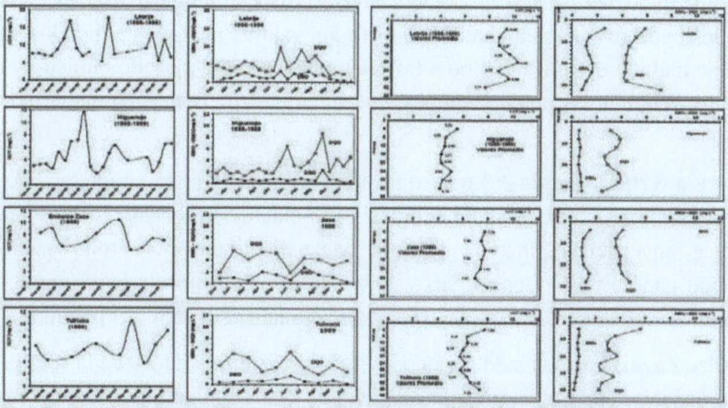

Figura 29. Comportamiento promedio mensual en la columna de agua y distribución vertical del carbono orgánico total (COT), la demanda química de oxígeno (DQO) y la demanda bioquímica de oxígeno (DBO) expresados en mgL^{-1} de carbono en los embalses Lebrije e Higuanojo (1988-1989) y Zaza y Tuinucú (1989).

La distribución vertical (Figura 29) muestra como varió en el año de estudio en la columna de agua, destacando que tanto la DQO como la DBO mantuvieron valores relativamente elevados en las capas superficiales, incrementándose hacia el fondo, sobre todo en la DQO y disminuyendo para la DBO, considerando las condiciones anóxicas del embalse durante gran parte del periodo.

En **Higuanojo**, la diferenciación en los embalses de las diferentes capas de temperatura la mayor parte del año, claramente afectó el contenido de oxígeno y la circulación de nutrientes. Al comienzo del periodo de estudio, la estabilidad de la estratificación, la temperatura del agua y el contenido de materia orgánica fue bajo, favoreciendo las altas concentraciones de oxígeno disuelto en el agua (Figura 14). El llenado del embalse entre mayo y junio de 1988, introdujo grandes cantidades de material orgánico (*COT*) (Figura 29), prevaleciendo entonces las condiciones anóxicas para la mayor parte del periodo húmedo en los estratos inferiores.

La siguiente estación seca (invierno tropical), con bajas temperaturas, favorecen la mezcla, aumentando la concentración de oxígeno, teniendo un efecto obvio sobre la circulación del nitrógeno inorgánico. El mismo patrón de escasez de oxígeno fue observado también durante la estación húmeda de 1989. El material orgánico fue medido utilizando las técnicas que evidenciaron el consumo de oxígeno para la degradación del mismo, a saber: *COT* (Figura 29) su variación anual (1988-1989) mostró su valor medio, correspondiendo los máximos en octubre de 1988 y marzo de 1989 en ambos casos en las capas anóxicas, lo que evidencia en ambos años una participación activa del material alóctono que ingresó en el periodo lluvioso.

En la *DQO* se midieron máximos en diciembre de 1988 y agosto de 1989, en ambos casos en el estrato superficial (0 a 4 m). De igual forma para ambos años (Figura 29) la $DBO_5^{20°C}$, se determinaron máximos en los mismos meses que para la *DQO*, pero hacia la zona de fondo.

Sin embargo, tanto para la DQO como la DBO, los picos ocurrieron en el periodo de mezcla y de fondo respectivamente. En agosto los valores máximos ocurridos se debieron al ingreso de materia orgánica debido a las precipitaciones del periodo húmedo y en el caso de diciembre, debido a las precipitaciones, que acompañaron la llegada a la provincia de un frente frío.

La distribución vertical (Figura 29) muestra como varió en el año de estudio en la columna de agua, destacando como tanto la DQO como la DBO mantuvieron valores relativamente bajos en las capas superficiales incrementándose hacia el fondo sobre todo en la DQO y disminuyendo para la DBO, aunque sus valores fueron relativamente bajos para esta ultima, considerando las condiciones anóxicas del embalse durante gran parte del periodo.

En el embalse **Zaza**, el prolongado periodo de mezcla y la inestabilidad de la columna de agua en la estación seca, contribuyeron a la relativa alta concentración de oxigeno en las aguas profundas durante casi seis meses. Sin embargo, una considerable carga de materia orgánica, donde prevalecen las altas temperaturas, dieron como resultado una elevada tasa de descomposición y una concentración de oxigeno por debajo de la saturación siempre, las que fueron detectadas. Durante este periodo, la baja concentración de oxigeno resulta en una baja eficiencia de la descomposición de la materia orgánica y por lo tanto, la concentración de carbono orgánico total tuvo relativas pequeñas variaciones temporales (Figura 29).

Zaza, se diferenció del resto de los embalses (Lebrije, Higuanojo y Tuinucú) por su periodo de mezcla tan prolongado y la baja estabilidad de la estratificación (Figura 13). El material orgánico medido, evidenció el consumo de oxígeno para la degradación del mismo. La variación anual promedio del *COT* (1989), con un máximo de 11,2 mgL^{-1}, en agosto de 1989 (Figura 29) en las capas anóxicas, evidencia una participación activa del material alóctono que ingresó en el periodo lluvioso.

En la *DQO* se midió un máximo de 5,9 mgL^{-1} en febrero (Figura 29) y la $DBO_5^{20°C}$ con un máximo de 3,2 mgL^{-1} en julio, en el estrato superficial (0-4 m) y hacia el fondo respectivamente. Tanto para la DQO como la DBO, los picos ocurrieron en el periodo final de la mezcla y de fondo respectivamente. La distribución vertical de la DQO y la DBO (Figura 26) muestra como variaron estas magnitudes durante el año de estudio en la columna de agua, destacando que tanto la DQO como la DBO mantuvieron valores relativamente bajos, en las capas superficiales comparados con Lebrije, incrementándose hacia el fondo sobre todo en la DQO y disminuyendo para la DBO, manteniéndose las condiciones anóxicas del embalse durante gran parte del periodo, influyendo sobre todo la mezcla constante en el embalse de las capas superficiales con las profundas, producto de la morfometría y la altitud (Tabla 2).

En **Tuinucú**, el principal factor regulador para la concentración de oxígeno fue probablemente la difusión de este elemento a partir de la atmósfera y su pérdida ocurre a partir de la descomposición de la materia orgánica. La concentración de carbono orgánico total mostró solo variaciones menores en 1989, pero el consumo de oxígeno a partir de la descomposición fue elevado durante la estación húmeda de mayor calor, cuando las capas aireadas se hicieron delgadas (Figura 15).

Entre noviembre y diciembre, la capa mezclada se incrementó a una profundidad de alrededor de 15 m, la cual dio como resultado que se alcanzaron altas concentraciones de amonio proveniente de los estratos inferiores (Figura 29). El amonio, al ser oxidado, hizo decrecer considerablemente la concentración de oxígeno (Figura 15) en las capas superficiales. El material orgánico fue medido utilizando técnicas de carbono orgánico total (*COT*) (Figura 29), destacando su variación anual promedio y su valor máximo en noviembre de 1989 en las capas superficiales, lo que evidencia una participación activa del material alóctono que ingresó en el periodo lluvioso, el cual fue degradado.

La *DQO* tuvo un máximo en abril y la $DBO_5^{20°C}$ con un máximo en julio (Figura 29), en el estrato superficial (0 a 4 m) y hacia el fondo respectivamente. Tanto para la DQO como la DBO, los valores de máxima intensidad ocurrieron en el periodo final de la mezcla y de fondo respectivamente.

En abril el pico ocurrido se debió al ingreso de materia orgánica producto de las precipitaciones ocurridas en este mes del periodo seco, y en el mes de julio, debido también a las lluvias, aunque en este caso corresponde al periodo húmedo. Siempre se tuvo en cuenta en este análisis que el embalse se había llenado durante 1988 y no fue limpiado su vaso, por lo que era necesario descomponer una abundante materia orgánica, además de la del ingreso producto de las precipitaciones.

La distribución vertical de la DQO y la DBO (Figura 29) muestra como variaron estas magnitudes durante el año de estudio en la columna de agua, destacando como tanto la DQO como la DBO mantuvieron valores relativamente elevados en las capas superficiales incrementándose hacia el fondo, sobre todo en la DQO y disminuyendo para la DBO, manteniéndose las condiciones anóxicas del embalse durante gran parte del periodo, sobre todo por la falta de mezcla alcanzada debido a la juventud del embalse.

El ecosistema acuático léntico utiliza el oxígeno presente para la degradación del material orgánico que se incorpora producto de las precipitaciones, lo que ocasiona la producción de zonas anóxicas, en dependencia de las concentraciones que se incorporan a través de los afluentes, su intensidad y frecuencia. Esto ocurre normalmente durante el periodo húmedo, aunque en ocasiones, durante el invierno tropical tienen lugar precipitaciones intensas, que pueden también hacer aportes de materia orgánica que proporcionen al sistema, componentes nitrogenados requeridos para su funcionamiento. Esto estará relacionado con el nivel de precipitaciones ocurridas y la biomasa de fitoplancton obtenida en respuesta al proceso que ocurre durante la descomposición y ulterior nitrificación y/o desnitrificación, según corresponda en tiempo y espacio (Laiz *et al.*, 2007). El consumo de oxígeno producto de la descomposición de materia orgánica puede ser alto durante el periodo estratificado, aunque también se lleva a cabo durante la mezcla.

1.5.- Transparencia (disco Secchi).

El coeficiente de atenuación de la luz (η) fue calculado a partir de las ecuaciones ($\eta = {}^{1,45}\!/_{SD}$) descritas por Walter (1980), y no es más que una expresión de la atenuación exponencial de la irradiación hacia las profundidades del agua respecto a la superficie (Tabla 10).

Las mediciones de transparencia, utilizando el disco Secchi (Figura 30), para cada acuatorio variaron de acuerdo con las características de los mismos, en el siguiente orden: Pedroso, Lebrije, Zaza, Abreus, Avilés, Paso Bonito, Tuinucú e Higuanojo. El coeficiente de atenuación calculado osciló de la forma siguiente: Higuanojo, Tuinucú; Paso Bonito; Avilés; Abreus; Zaza, Lebrije y Pedroso, mostrando que se invierte el orden pues el de menor transparencia le corresponde un coeficiente de atenuación mayor que el resto.

El valor máximo de transparencia (Figura 30) obtenida en Lebrije, fue en noviembre de 1988 y los valores mayores ocurrieron a partir del inicio de la mezcla (noviembre y diciembre), el valor mínimo ocurrió en septiembre de 1988. En Higuanojo, el valor máximo tuvo lugar en diciembre de 1989 y el mínimo en septiembre de 1988. En Zaza, el valor máximo sobrevino en diciembre-1989 y el mínimo en octubre-1989. En Tuinucú, el valor máximo fue en diciembre de 1989 y el mínimo en febrero-mayo y junio de 1989.

En Avilés, el valor máximo ocurrió en julio de 1993 y el mínimo en septiembre de 1991 y octubre de 1992. En Abreus, el valor máximo fue en abril de 1994 y julio de 2006 y el mínimo en junio de 1989. En Paso Bonito, el valor máximo tuvo lugar en junio de 2006 y el mínimo en mayo de 2006. En Pedroso, el valor máximo se obtuvo en marzo, abril y mayo de 2003 y el mínimo en febrero y junio de 2003.

En todos los embalses el mínimo se produce siempre durante la estación húmeda. En general hubo una regresión (Power) entre la transparencia y la biomasa del fitoplancton medida por conteo celular (0,71) y como clorofila "a" (0,72), en ambos casos para una probabilidad $P<0,01$(Figura 31).

La transparencia medida con el disco Secchi, es esencialmente una función de la reflexión de la luz desde la superficie y, por consiguiente, está influenciada por las características de la absorción del agua y de su materia disuelta y particular, y aunque la profundidad de la transparencia es independiente de la intensidad a una magnitud significativa, los resultados se muestran erráticos cerca del alba y del crepúsculo, razón por la cual la medición se realiza al mediodía. Uno de los factores que limita la producción del fitoplancton es la disponibilidad de la luz en el agua; la luz disponible para la fotosíntesis es más baja durante los períodos de mezcla y más alta en épocas de estratificación.

En los embalses de la provincia Sancti Spiritus, todos los máximos se produjeron en el periodo de mezcla, en sus inicios o ya establecida la misma, pero siempre antes del incremento del fitoplancton, ya en el caso del resto esto coincide con el periodo estratificado, debido a la disminución de la comunidad planctónica, o falta de incremento de la turbiedad por la no ocurrencia de precipitaciones.

Pedroso (Laiz *et al.*, 2004), siempre se mantuvo como el embalse de mayor turbiedad, primero por su alta concentración de clorofila (Tabla 10), lo cual indica una elevada abundancia de individuos representantes del fitoplancton.

La transparencia del agua se relaciona con la abundancia del fitoplancton y se convierte además en una función del estado trófico de los embalses y lagos (CEPIS, 2001), utilizándose fundamentalmente como uno de los aspectos para la determinación de la eutrofización de un ecosistema acuático lentico (Carlson, 1977).

A pesar de su simplicidad y su dependencia del observador, el problema fundamental es el hecho que el disco Secchi ha sido frecuentemente interpretado como una medida directa de la transparencia del agua, porque existe una relación entre este y la atenuación de la luz (Tilzer, 1988), este investigador encontró una relación entre la transparencia (disco Secchi-SD) y la concentración de clorofila "a" (*Clor*) en el lago Constante, limítrofe con Alemania, Suiza y Austria (1980-1983), donde $DS = (a+b\ Clor)^n$, sin embargo, en los embalses estudiados se encontró una relación similar $DS = 3{,}2603\ Clor^{-0{,}2849}$ y otra con respecto a la biomasa por conteo celular equivalente a $DS = 1{,}346\ Bm^{-2{,}448}$.

La media anual de la transparencia medida a través del disco Secchi (Tabla 10) es importante como parámetro para determinar la eutrofización de los embalses. Megard *et al.* (1980) consideraron que existe una relación entre el disco Secchi y la concentración de clorofila "a" pudiendo predecirse la misma, lo cual en nuestro estudio alcanza 0,72 para la clorofila "a" y 0,71 para la biomasa (conteo celular).

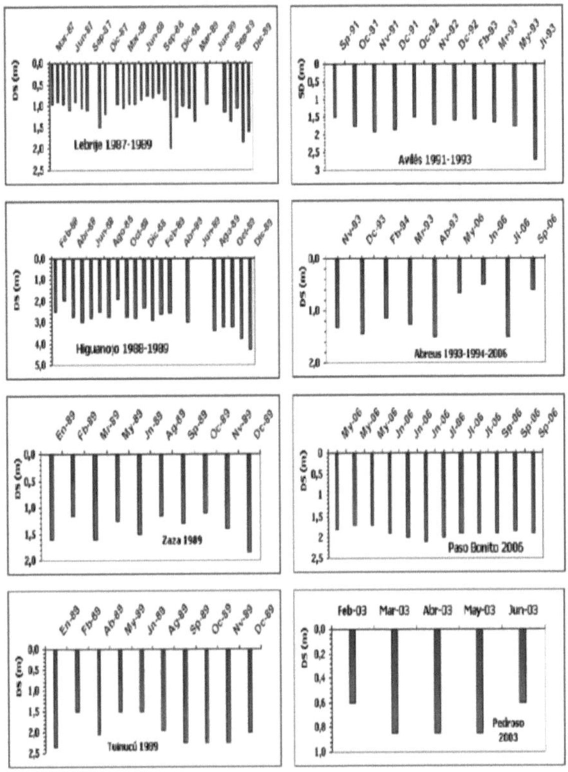

Figura 30. Variación anual en la transparencia del disco Secchi (m) en los embalses: Lebrije (1987-1989), Higuanojo (1988-1989), Zaza (1989-1993-1994), Tuinucú (1989) provincia Sancti Spiritus; Aviles (1991-1992-1993), Abreus (1993-1994-2006), Paso Bonito (2006) provincia Cienfuegos; Pedroso (2003) provincia Habana.

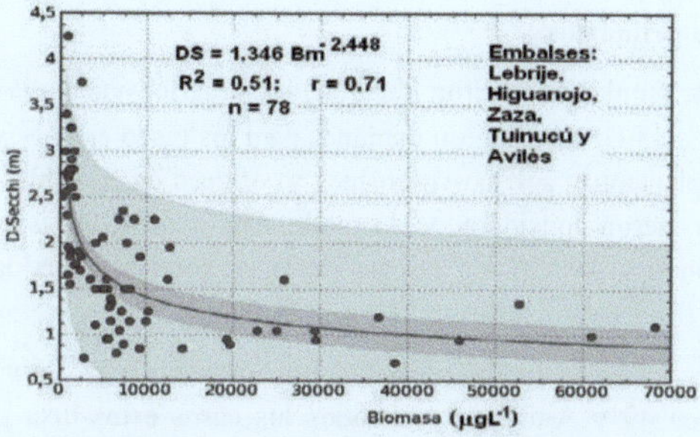

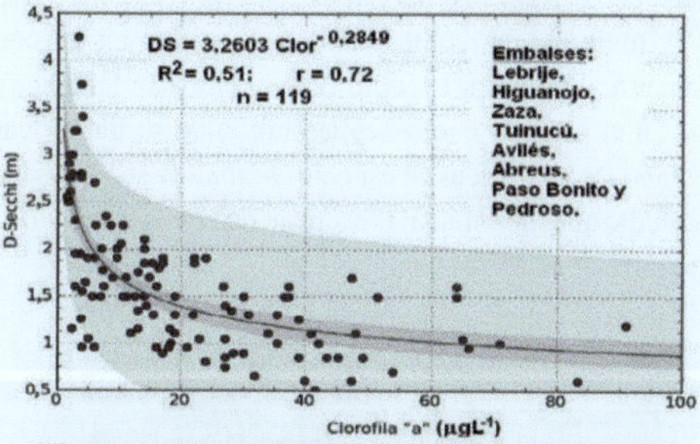

Figura 31. Correlación entre la transparencia medida por el disco Secchi (m) y la biomasa, medida por el conteo celular (μgL^{-1}) y por la clorofila "a" (μgL^{-1}), para todos los embalses estudiados (Lebrije, Higuanojo, Zaza, Tuinucú, Avilés, Abreus, Paso Bonito y Pedroso).

Tabla 10. Valores promedio anuales por embalses del disco Secchi (DS - m) y su desviación estandar, la profundidad del epilimnion (Pe - m), la clorofila "a" (Clor - $\mu g\ L^{-1}$), el oxígeno disuelto (O_2 - mg L^{-1}) y el coeficiente de atenuación (η) (m^{-1}) y su desviación estandar.

Embalses	Año	DS (m)	Pe (m)	Clor $\mu g\ L^{-1}$	O_2 mg L^{-1}	η m^{-1}
Lebrije	1987-1988-1989	1,11 ±0,32	5,2	30,7	6,59	1,39 ±0,40
Higuanojo	1988-1989	2,85 ±0,56	8,4	2,8	6,53	0,53 ±0,12
Zaza	1989	1,39 ±0,24	5,4	10,4	6,63	1,29 ±0,40
Tuinucú	1989	1,96 ±0,34	7,0	7,6	6,14	0,76 ±0,17
Avilés	1991-1992-1993	1,77 ±0,34	6,6	11,4	7,11	0,84 ±0,14
Abreus	1993-1994-2006	1,67 ±0,91	6,3	35,5	6,06	1,33 ±0,76
Paso Bonito	2006	1,89 ±0,12	6,9	16,0	5,23	0,77 ±0,06
Pedroso	2003	0,75 ±0,14	4,3	52,2	5,48	1,99 ±0,46

1. 6.- Diversidad de especies.

1.6.1. – Productores primarios

Un total de 99 taxa de fitoplancton fueron identificados, contribuyendo a la biomasa estimada con al menos 1 μgL^{-1}, 13 de ellos fueron comunes para los cinco embalses. La composición por especies del fitoplancton y sus bio-volúmenes se ofrecen en la Tabla 11. Cuatro de los embalses estudiados fueron considerados de moderados a ricos, en especies planctónicas (Lebrije, Zaza, Tuinucú y Avilés). En el caso de Higuanojo la diversidad de especies es pobre.

En estos ecosistemas acuáticos fueron identificados diferentes taxa, Lebrije 46, Higuanojo 33, Zaza 52, Tuinucú 49 y Avilés 65, en todos los casos estos taxa participaron en la biomasa total con más de 1 μgL^{-1} (p.h.),[2] todos los embalses a pesar del tiempo de construcción (Tabla 2) tuvieron un comportamiento similar en la composición de los diferentes grupos en cuanto a biomasa, excepto para el embalse Higuanojo (Figura 32). En Paso Bonito y Abreus, en el periodo enero-septiembre 2006 se identificaron 31 y 44 taxa[3] respectivamente, detectándose en Abreus la especie *Anabaena* sp., causante del olor y sabor a moho y/o tierra húmeda que denota la presencia de Geosmina y/o 2-MIB (Gerber y Lechavalier, 1963; Izaguirre *et al.*, 1984).

Tabla 11. Grupo, especies y biovolumen del fitoplancton identificado en los embalses Lebrije, Higuanojo, Zaza, Tuinucú (provincia Sancti Spiritus) y Avilés (provincia Cienfuegos), en el periodo de estudio 1987-1993

Grupo/Especie	U	Lebrije	Higuanojo	Zaza	Tuinucu	Aviles
Cyanophyceae						
Anabaena sp.	c	12	-	12	12	15
Aphanotece sp.	c	-	1	-	-	-
Aphanizomenon cf. tropicale Horecka &	f	13	-	13	13	9
Beggiatoa sp.	f	3	-	-	-	3
Beggiatoa - Oscillatoria (?) sp.	f	-	-	-	-	3
Chroococcus sp.	c	-	-	-	-	*
Coelosphaerium sp.	c	-	-	-	-	10
Cyanodictyon imperfectum Cronb. & Werb	c	-	1	-	-	-
Cyanogranis ferruginea (Wawrik) Hindak	c	-	60	65	60	-
Cylindrospermopsis phillipinensis (Taylor) Kom.	f	7	-	7	7	-
Cylindrospermopsis raciborskii (Wolosz.) S. & S. Raju	f	7	-	7	7	-
Gomphosphaeria sp.	c	-	7	-	-	9
Merismopedia glauca (Ehr.) Näg.	c	-	-	-	-	2
Merismopedia tenuissima Lemm.	c	-	2	2	-	3
Microcystis aeruginosa Kütz	c	34	34	34	34	27
Microcystis holsatica Lemm	c	1	-	-	-	-
Microcystis incerta (Lemm.) Lemm.	c	-	-	-	-	1
Oscillatoria - Beggiatoa (?) sp.	f	-	-	3	3	-
Oscillatoria sp.	f	20	-	20	20	-
Planktolyngbya subtilis (West) Anag & Kom.	f	3	-	3	3	3
Planktothrix isothrix (Skuja) Komárek & Komárková (1)	f	20	-	-	-	-
Chrysophyceae						
Dinobryon divergens Imh	c	-	-	200	200	200
Mallomona sp.	c	-	-	-	-	500
Uroglena sp.	c	-	-	-	-	*
Bacillariophyceae						
Aulacoseira granulata (Ehrenb.) Simonsen	c	2500	8900	-	3085	1600
Aulacoseira granulata (Ehrenb.) Simonsen	c	-	-	5800	-	-
Aulacoseira granulata (Ehrenb.) Simonsen	c	-	-	2580	-	-
Aulacoseira granulata (Ehrenb.) Simonsen	c	-	-	1970	-	690
Aulacoseira granulata var. angustissima (O.Müll.) Simonsen	c	550	1500	490	442	-
Aulacoseira spp.	c	-	-	310	318	-
Cyclotella sp (large)	c	-	540	-	925	-
Cyclotella sp (medium)	c	-	275	285	275	-
Cyclotella sp (small)	c	-	120	110	115	105
Nitzschia sp. (large)	c	900	-	3950	1830	-
Nitzschia sp. (medium)	c	290	510	1850	375	-
Nitzschia sp. (small)	c	125	150	650	185	170
Pleurosigma sp.	c	-	-	7290	7290	2060
Synedra acus Kütz	c	2100	-	8125	3150	-
Ulnaria ulna (Nitzsch) P.Compère (2)	c	-	-	-	-	8060

(1) - (Komárek and Komárková 2000)

(2) - (Compère, 2006)

Tabla 11. continuación...

	Grupo/Especie	U	Lebrije	Higuanojo	Zaza	Tuinucu	Aviles
	Chlorophyceae						
1	*Actinastrum hantzschii* Lagerh	c	-	-	-	-	40
2	*Ankira judayi* (G.M. Smith) Fott	c	40	-	-	-	-
3	*Chlamydocapsa* sp.	c	65	-	-	65	-
4	*Chlamydomonas* sp.	c	*	110	-	-	100
5	*Chlorella* sp.	c	-	-	-	-	220
6	*Chodatella* sp.	c	-	-	-	-	180
7	*Closteriopsis* sp.	c	-	-	-	-	750
8	*Coelastrum asteroideum* De Not	c	65	-	-	-	-
9	*Coelastrum microporum* Näg	c	-	-	-	-	75
10	*Coelastrum* sp.	c	-	127	220	120	-
11	*Crucigenia* sp.	c	-	-	75	75	78
12	*Crucigeniella pulchra* (West & West) Kom.	c	8	-	-	-	9
13	*Elakatotrix* sp.	c	27	30	-	-	25
14	*Hariotina reticulata* P.A. Dangeard (3)	c	-	-	-	-	85
15	*Kirchneriella* sp.	c	-	-	-	-	30
16	*Korschikoviella* sp.	c	-	-	-	-	260
17	*Micractinium pusillum* Fres	c	-	-	-	-	170
18	*Monactinus simplex* (Meyen) Corda C (4)	c	200	190	29	29	180
19	*Monoraphidium contortum* (Thur.) Kom.-Legn	c	42	-	29	29	30
20	*Monoraphidium dybowski* (Wolosz.) Hind. & Kom.-Legn	c	-	140	-	-	-
21	*Oocystis parva* West & West	c	-	-	-	-	250
22	*Oocystis* sp. (large)	c	-	-	785	1200	-
23	*Oocystis* sp. (small)	c	130	98	130	130	115
24	*Pandorina* sp.	c	-	-	-	-	220
25	*Pediastrum duplex* Meyen	c	160	220	165	160	150
26	*Planctonema* sp. (?)	c	-	-	-	-	100
27	*Planctosphaeria* sp.	c	-	-	-	-	65
28	*Rhombocystis* sp.	c	-	-	-	-	25
29	*Scenedesmus* spp. (smooth, small)	c	-	-	16	16	-
30	*Scenedesmus* spp. (smooth, medium)	c	40	-	25	25	-
31	*Scenedesmus* spp. (smooth, large)	c	-	160	139	131	-
32	*Scenedesmus* sp. (Spiny)	c	40	-	35	60	64
33	*Schroederia setigera* (Schröd.) Lemm	c	190	-	157	157	155
34	*Sphaerocystis schroeteri* Chod	c	-	29	-	-	-
35	*Sphaerocystis* sp.	c	-	-	-	-	30
36	*Tetraëdron minimum var. tetralobulatum* Reinsch	c	250	400	170	250	-
37	*Tetraëdron minimum* (A. Br.) Hansg.	c	-	-	-	-	90
38	*Tetraëdron triangulare* Korsch.	c	-	85	-	150	150
39	*Tetrastrum* sp.	c	-	-	-	-	*
40	*Treubaria triappendiculata* (Chod.) Pasch.	c	-	-	-	-	*

(3) - (John & Tsarenko 2004)

(4) - (Buchheim et al. 2004)

---

[2] (p.h.) Peso Húmedo

[3] (Muestreo por el autor, identificación por el Centro de Estudios Ambientales de Cienfuegos (CEAC))

Tabla 11. continuacion...

	Grupo/Especie	U	Lebrije	Higuanojo	Zaza	Tuinucu	Avilés
	Konjugatophyceae						
1	*Closterium* sp.	c	390	200	160	165	300
2	*Cosmarium* sp.	c	450	-	760	900	1310
3	*Euastrum* sp.	c	1625	-	1795	500	1650
4	*Staurastrum* sp.	c	6368	-	6300	6300	4315
5	*Staurodesmus* sp.	c	-	-	-	-	1620
	Euglenophyceae						
1	*Phacus acuminatus* Stokes	c	-	-	-	-	1230
2	*Phacus tortus* (Lemm.) Skv.	c	-	-	18200	18200	-
	Cryptophyceae						
1	*Cryptomonas cf. marssonii* (Marss.) Skuja	c	750	-	-	-	-
2	*Cryptomonas* spp.(G)	c	1300	2045	4715	6020	1575
3	*Cryptomonas* spp.(M)	c	1200	920	920	1480	570
4	*Cryptomonas* spp. (P)	c	576	440	670	370	210
5	*Katablepharis ovalis* Skuja	c	120	100	130	105	60
6	*Rhodomonas lacustris* Pasch & Rutt	c	100	70	100	60	50
	Dinophyceae						
1	*Ceratium hirundinella* (O.F. Müll.) Schrank	c	50000	78400	50000	50000	51000
2	*Gymnodinium* sp.	c	1100	-	-	-	-
3	*Peridiniopsis polonica* (Wolosz) Bourr	c	15000	-	-	-	-
4	*Peridinium* spp. (G)	c	-	63500	18700	18750	16750
5	*Peridinium* spp. (M)	c	3400	9100	2180	7220	6380
6	*Peridinium* spp. (P)	c	12500	-	6560	-	2110
	Especies	59	46	33	50	49	64

En el embalse Lebrije (Figura 33), las **Cianoprocariotas** dominaron en julio de 1987, junio-julio-agosto de 1988 y agosto-septiembre-octubre/1989. Las **Bacillariophyceae** dominaron en noviembre de 1987 coincidiendo con el inicio del periodo de mezcla. En los tres años estudiados se observó una participación importante de este grupo, durante la última parte de la estación húmeda (agosto a noviembre). Como regla general en el periodo lluvioso la biomasa total fue baja (<8 μgL^{-1} p.h.), excepto en agosto de 1987 y septiembre de 1988.

Las **Cryptophyceae** dominaron en mayo de 1988 y en el resto del periodo fueron ocasionalmente de alguna importancia en la biomasa total. La mayor parte del periodo estudiado (1987-1989) fue dominado por las **Dinophyceae,** especialmente *Peridiniopsis polonicum*. El aporte de este grupo a la biomasa total la mayor parte del periodo en los tres años de estudio, estuvo representado por más del 50 % coincidiendo por lo general con la mezcla, o sea, el periodo seco, alcanzando valores superiores al 90 %.

En el embalse Higuanojo (Figura 33), las **Dinophyceae** dominaron en febrero, marzo, abril y diciembre de 1988. En junio de 1988 dominaron las **Cryptophyceae**. y en el resto del período la dominancia absoluta fue para las **Cianoprocariotas**, la misma se manifestó fundamentalmente en el periodo estratificado, aunque a partir de enero de 1989 durante todo el año no hubo cambios en el grupo de algas, aún cuando hubo un periodo de mezcla.

En el embalse Zaza (Figura 33), las **Cianoprocariotas** dominaron en junio de 1989, coincidiendo con el periodo de mezcla en los otros embalses ya que en este al parecer no hubo periodo estratificado o este fue muy breve. Las **Bacillariophyceae** comenzaron el año con superioridad en el embalse en los meses enero, febrero y marzo de 1989. El resto del período el dominio correspondió a las **Cryptophyceae**.

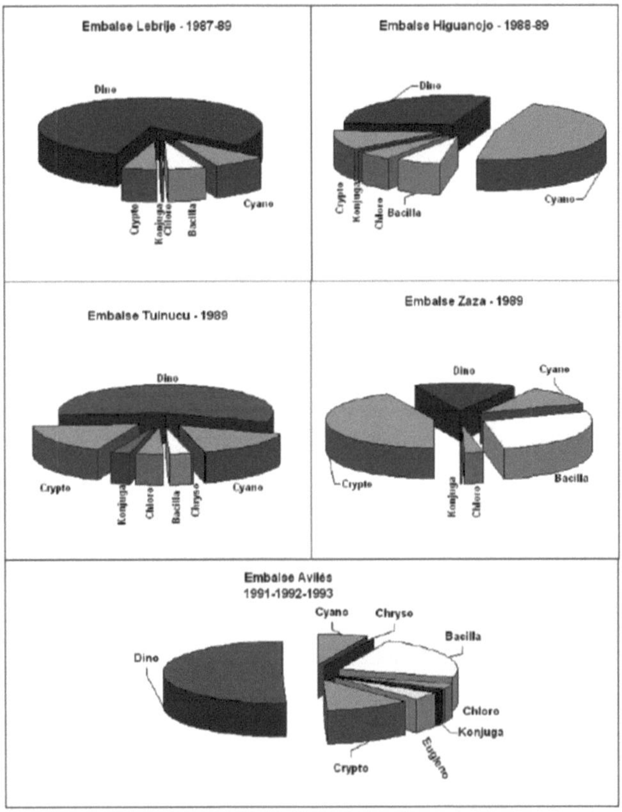

Figura 32. Comportamiento promedio del fitoplancton en términos de biomasa (μgL^{-1}) en los embalses Lebrije (1987-1988-1989), Higuanojo (1988-1989), Tuinucú (1989) y Zaza (1989), provincia Sancti Spiritus y Avilés (1991-1992-1993) provincia Cienfuegos.

En el embalse Tuinucú (Figura 33), las **Cianoprocariotas** dominaron en mayo y septiembre de 1989, coincidiendo con el inicio del periodo de lluvia y de la estratificación térmica. Las **Cryptophyceae** dominaron en enero de 1989 y en el resto del periodo lo hicieron ocasionalmente, pero de poca importancia en la biomasa total.

La mayor parte del periodo estudiado (1989) fue dominado por las **Dinophyceae**, el aporte de este grupo a la biomasa total, coincidió por lo general con el periodo invernal, aunque también ocurrió en el periodo lluvioso.

La composición de la comunidad del fitoplancton en Tuinucú mostró características similares a los otros embalses cubanos, teniendo un máximo de biomasa durante la estación seca, la cual coincide con el periodo de mezcla. Por lo general, el máximo de biomasa ocurre inmediatamente después de la mezcla, tal como se evidenció en los otros embalses estudiados, aunque en este embalse esto ocurrió a inicios de la estratificación. La causa de esta respuesta tardía fue la falta de nutrientes (*P-PO₄*) en los estratos superiores durante enero y febrero.

En el embalse Avilés (Figura 33), las **Dinophyceae** dominaron en septiembre, octubre y diciembre de 1991; octubre y diciembre de 1992 y marzo y mayo de 1993, coincidiendo con el periodo de mezcla y final de la misma para iniciar la estratificación. Las **Cryptophyceae** dominaron sólo durante el mes noviembre de 1991, al inicio del periodo de mezcla y además, participaron como el grupo más dominante en segundo y tercer orden durante toda la mezcla en los años 1991-1992.

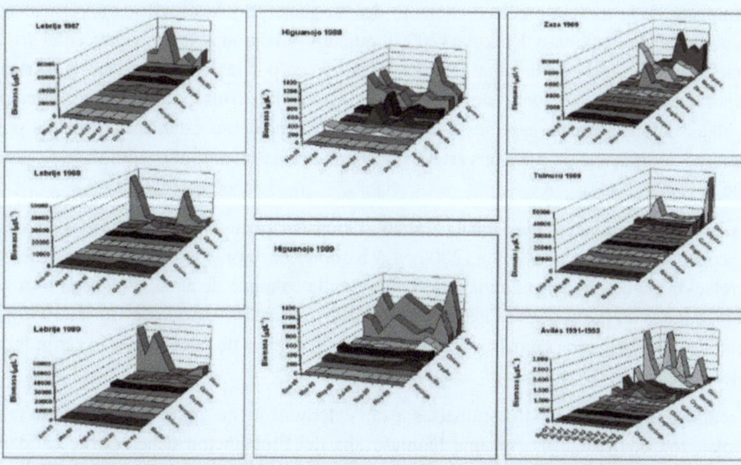

Figura 33. Comportamiento mensual de la biomasa (μgL^{-1}) de los grupos del fitoplancton en los embalses: Lebrije (1987-1989), Higuanojo (1988-1989), Zaza y Tuinucú (1989) y Avilés (1991-1992-1993).

Las **Bacillariophyceae** dominaron en noviembre de 1992 y febrero de 1993, participando como componente fundamental de la biomasa fitoplanctónica en segundo y tercer orden de dominancia, tanto en la mezcla como en la estratificación. Las **Cianoprocariotas** dominaron en el periodo estratificado.

En tres de los embalses estudiados, Lebrije, Tuinucú y Avilés, la biomasa total del fitoplancton mostró un patrón notable de estacionalidad. En ellos la biomasa fue más bien baja durante la circulación, aunque Avilés mantuvo elevados estos valores, en comparación con el periodo estratificado.

Durante el inicio de la estratificación, se observó un máximo (Lebrije y Tuinucú), decreciendo paulatinamente en la medida que avanzó el período de estratificación, incrementándose de nuevo cuando la termoclina es forzada hacia el fondo al final del periodo estratificado. Higuanojo, también siguió este patrón, aunque la variabilidad fue mucho menor.

Zaza, se desvió de este patrón, teniendo la más baja variabilidad y máximos pronunciados, la biomasa en este embalse fue ligeramente más alta durante el periodo estratificado que durante la mezcla.

Bajo diferentes intensidades del viento estos ecosistemas acuáticos ofrecen varias respuestas en sus variables físicas, químicas y biológicas. Las perturbaciones promovidas por la acción del viento, su fuerza y dirección, tienen un efecto en la dinámica de la población y la diversidad de la especie de fitoplancton (Tundisi *et al.*, 2006), así como en la sucesión de las mismas (Reynolds, 1992).

El impacto de la mezcla en el crecimiento del fitoplancton y la distribución vertical se ha discutido por Pouličková y Kršková (2000), quienes señalaron que los nichos en el sistema acuático y sobre todo en la zona pelágica se producen por las variaciones en la estructura temporal, vertical y horizontal de los procesos físicos. Por consiguiente, el crecimiento de las algas, la sucesión de especies y densidad del fitoplancton están influenciados por la magnitud y duración de mezcla vertical y estabilidad de la estratificación (Tundisi *et al.*, 2006).

Hay algunas evidencias que señalan a las diatomeas planctónicas vinculadas al estado trófico de los embalses (Gürevin, 2006). La biomasa de fitoplancton en los embalses está correlacionada con la concentración de fósforo en la columna de agua, aunque el nitrógeno también juega un papel cuando los niveles de fósforo son altos (McCauley *et al.*, 1989). Las fuentes de fósforo a los embalses incluyen la carga externa de la cuenca y la carga interna de los sedimentos (Drenner *et al.*, 2005).

La calidad del agua en los embalses está determinada en parte por la biomasa del fitoplancton; los embalses con una biomasa alta del fitoplancton tienen pobre calidad de agua, lo que incrementa el costo para la purificación del agua potable (Cooke y Kennedy, 2001), esta biomasa es dominada por las ***Cianoprocariotas*** (Downing *et al.*, 2001) lo cual imparte un sabor y olor desagradable al agua potable y provocando un riesgo de salud para el hombre (Cox *et al.*, 2005).

La sedimentación del fitoplancton tiene un papel importante en los ecosistemas acuáticos como fuente de regeneración de nutrientes y refuerzo para las algas (Kagawa, 2006). Analizando las concentraciones de nitrógeno (*Nt*) y fósforo total (*Pt*) y su relación se estima que juzgando por los valores obtenidos en el periodo, es posible considerar que el fósforo fue primariamente limitante para el crecimiento del fitoplancton en todos los embalses, aunque especialmente en Zaza y Tuinucú donde los cocientes fueron relativamente bajos, por lo que allí se establece un balance bastante cerrado por el elemento limitante, o sea, que ambos compuestos han contribuido a limitar el crecimiento del fitoplancton, alternándose.

Ginkel *et al.* (2000) obtuvieron en el estudio realizado en aguas superficiales de África del Sur que la relación N:P se utilice como un indicador del potencial de un sistema para que se desarrollen las cianobacterias cuando sus valores están entre 10-20. En general las proporciones de N:P obtenidas soportaron el desarrollo de una población de fitoplancton a pesar de una marcada limitación por los niveles de Fósforo (*P*) al respecto Tett *et al.* (1985) consideraron que el fitoplancton requiere del *Nt* y *Pt* para su desarrollo en una razón de aproximadamente 7:1.

Las aguas dulces no han recibido mucha atención en los países tropicales, en los cuales estos estudios son todavía limitados, aunque en años recientes ha proliferado el conocimiento limnológico de los lagos y embalses cálidos con cierta rapidez (Nasar y Kaur, 1982); la sucesión y estacionalidad de las comunidades del fitoplancton varían regionalmente en respuesta a las condiciones ambientales locales (Serruya y Pollingher, 1983; Pollingher, 1986). La estacionalidad del fitoplancton es típica de ecosistemas localizados en latitudes > 20° (Lewis, 2000).

Los estudios sobre la composición de las algas han revelado que, aunque están en diferentes latitudes, comparten un alto número de algas cosmopolitas y la diversidad de las algas parece ser esencialmente más alta en latitudes templadas comparadas con los trópicos (Lewis, 2000); el florecimiento de cianobacterias domina en lagos y embalses eutróficos dónde el enriquecimiento antropogénico de nutrientes en el agua ha ocurrido y causado los serios problemas para la utilización de agua (Górniak, 2006).

Las **Cianoprocariotas** están usualmente asociadas a las altas temperaturas (Sagehashi *et al.*, 2000) lo cual es característico de los climas tropicales sobre todo en épocas de verano. También se encuentran en condiciones ambientales adversas debido a su adaptación al medio Mitrovic *et al.* (2000), estos investigadores señalaron, además, en su estudio que la mayor abundancia de las cianobacterias coincidió con alguno de los valores de la concentración de fósforo más bajos, lo cual indica que el fósforo fue suficiente para que se mantuvieran las referidas concentraciones. Lo anterior ocurrió en Higuanojo con la atenuante que el fósforo medido no fue de composición asimilable por la comunidad planctónica.

En lagos y embalses tropicales y subtropicales, muchos de los estudios realizados han mostrado usualmente una baja biomasa (Hecky y Kling, 1981), con variaciones anuales comparativamente pequeñas y a menudo dominadas por **Cianoprocariotas** y como sub-dominantes **Bacillariophyceae** y **Dinophyceae**. El estudio de la ecología del fitoplancton tiene importancia sobre todo al considerar las características regionales, pues éstas parecen influir en la biomasa total, así como en la diversidad de especies en diferentes latitudes (Lewis, 2000).

1.6.2. - *Abundancia del Fitoplancton*

Con respecto a la *abundancia,* en todos los embalses (Tabla 12) hubo un dominio casi absoluto de las **Cianoprocariotas** durante el periodo investigado (1987-1989), y el grupo más diverso fueron las **Chlorophyceae**. El cálculo del índice de diversidad Shannon-Weaver (Shannon & Weaver 1963) para los embalses:

Tabla 12. Promedio anual de la abundancia (N L^{-1}) por conteo celular y el índice de Shannon-Weaver (H' = bat Ind^{-1}), en los embalses Lebrije (1987-1988-1989), Higuanojo (1988-1989), Zaza (1989), Tuinucú (1989) y Avilés (1991-1992-1993)

Embalse		1987	1988	1989	1991	1992	1993	Promedio
		N L^{-1}	N L^{-1}	N L^{-1}	N L^{-1}	N L^{-1}	N L^{-1}	
Lebrije	N	172,5*10^6	173,5*10^6	163,7*10^6	-	-	-	170,6*10^6
	H'	0,575	0,214	0,509	-	-	-	0,411
Higuanojo	N	-	203,6*10^6	328,8*10^6	-	-	-	259,9*10^6
	H'	-	0,464	0,509	-	-	-	0,484
Zaza	N	-	-	167,6*10^6	-	-	-	167,6*10^6
	H'	-	-	0,520	-	-	-	0,520
Tuinucú	N	-	-	213,9*10^6	-	-	-	213,9*10^6
	H'	-	-	0,410	-	-	-	0,410
Avilés	N	-	-	-	29,5*10^6	46,0*10^6	47,9*10^6	41,1*10^6
	H'	-	-	-	0,459	0,401	0,311	0,390

Lebrije mostró valores promedio de 0,41 bat Ind^{-1} (Figura 34), se encontró que la abundancia promedió los 170,6∗10^3 cel•mL^{-1}, y la dominancia en el período a pesar de que fue casi absoluta por las **Cianoprocariotas**, hubo dos meses, marzo/87 y enero/89 en los cuales el dominio fue establecido por **Cryptophyceae** seguidas de **Dinophyceae**.

En *Higuanojo* se obtuvo un promedio de 0,48 bat Ind^{-1} (Figura 35), con respecto a la abundancia en todos los embalses hubo un dominio casi absoluto de las **Cianoprocariotas** durante el periodo investigado (1987-1989), el embalse Higuanojo (1988-1989) fue el de mayor promedio con 259,9∗10^3 cel•mL^{-1}.

Para *Zaza* el índice de diversidad calculado promedió 0,52 bat Ind^{-1} (Figura 36), en este embalse se determinó la menor abundancia con un promedio de 166,0∗10^3 cel•mL^{-1}, estando la dominancia distribuida, a través del año por las Cianoprocariotas y como segundo grupo de importancia las **Cryptophyceae**, en enero y febrero/89.

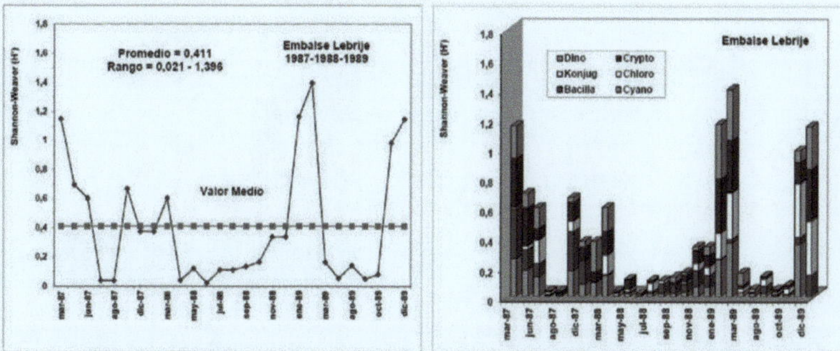

Figura 34. Comportamiento del índice de diversidad de Shannon -Weaver en el embalse Lebrije, periodo 1987-1989.

En *Tuinucú* el índice de diversidad promedió 0,41 bat Ind^{-1} (Figura 37), este embalse, el segundo en cuanto a la abundancia, su promedio fue $213,9*10^3$ cel•mL^{-1}, la dominancia durante el año 1989 en este acuatorio estuvo representada durante los dos primeros meses del año (enero-febrero) por **Chlorophyceae**.

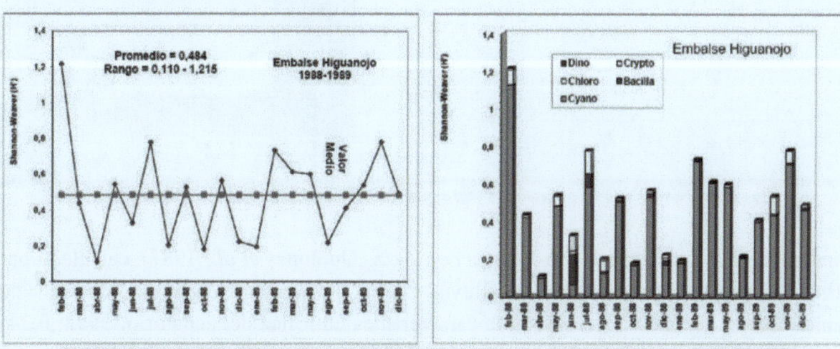

Figura 35. Comportamiento del índice de diversidad de Shannon -Weaver en el embalse Higuanojo, periodo 1988-1989.

En *Avilés*, el índice promedio de diversidad calculado fue de 0,39 bat Ind^{-1} (Figura 38), en el periodo de estudio este embalse mostró la menor abundancia $41,1*10^3$ cel•mL^{-1}, la dominancia absoluta, durante los tres periodos estudiados en diferentes años, correspondió a las **Cianoprocariotas**. Las **Chlorophyceae** aunque fueron las más diversas (65 taxa) con respecto a todos los embalses, su dominio lo cedieron a las **Cianoprocariotas.**

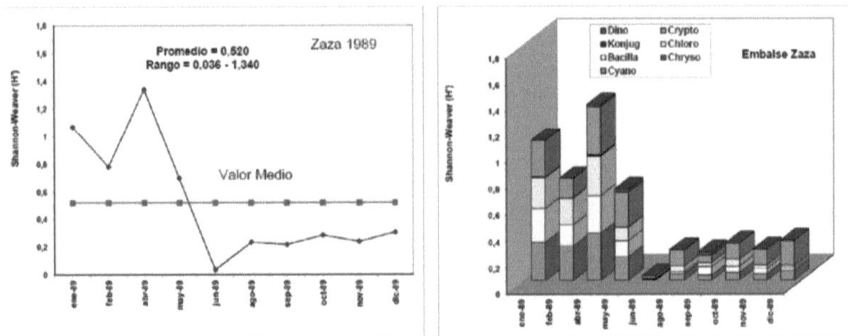

Figura 36. Comportamiento del índice de diversidad de Shannon -Weaver en el embalse Zaza, período 1989.

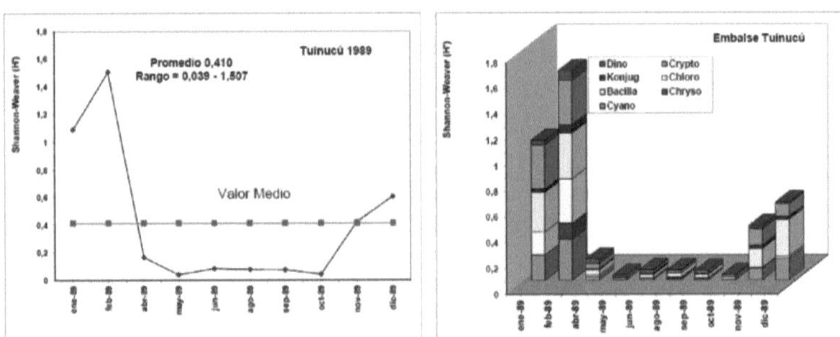

Figura 37. Comportamiento del índice de diversidad de Shannon -Weaver en el embalse Tuinucú, período 1989.

El índice de diversidad (Shannon-Weaver) en Zaza (Quiñones *et al.*, 1987), calculado para todas las estaciones en las épocas de lluvia y seca durante los tres años, indicó que los mismos fueron bajos de acuerdo con la característica eutrófica del acuatorio: **1982**: 0,34 y 3,66; **1983**: 0,42 y 2,96; **1984**: 0,56 y 2,14 para lluvia y seca respectivamente. Los valores del índice de diversidad de Shannon-Weaver fueron generalmente bajos para todos los embalses estudiados, aunque pueden ser comparados sus valores medios con los obtenidos por los autores que han laborado con este índice cuyo comportamiento fue similar, o sea, en ocasiones superior a 2 y en otras, inferior a 1 inclusive. La abundancia en especies del fitoplancton declina hacia los trópicos (Lewis, 1978a,1986,1987), por lo que existe una tendencia menor en la diversidad de especies en latitudes consideradas tropicales.

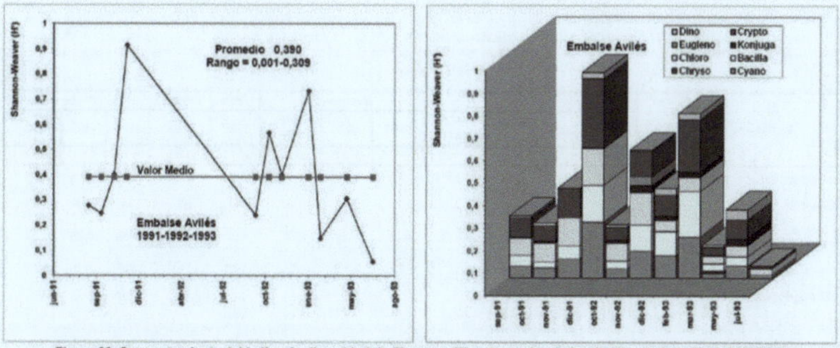

Figura 38. Comportamiento del índice de diversidad de Shannon -Weaver en el embalse Avilés, periodo 1991-1992-1993

1.6.3. – Clorofila "a"

La medición de la ***clorofila "a"*** es un estimador de la biomasa del fitoplancton. Sus valores promedio obtenidos para la clorofila "a" en los cinco embalses, en la zona fótica (considerando esta hasta los 12 m de profundidad) fueron: en el siguiente orden Lebrije, Avilés, Zaza, Tuinucú e Higuanojo (Tabla 13).

En Lebrije, como embalse altamente productivo, fueron medidos máximos de 91, 66, 71 y 64 μgL^{-1} de clorofila "a", en diciembre de 1987, febrero y marzo de 1988, enero de 1989 y diciembre de 1989 respectivamente. Aunque el resto de los embalses estudiados no se mostró tan productivo como Lebrije, encontramos que Pedroso tuvo un máximo de clorofila "a" de 83,3 μgL^{-1} (junio de 2003); Abreus 64 (diciembre de 1993) y 47,4 μgL^{-1} (septiembre de 2006); en Avilés fue medido un máximo de 30 μgL^{-1} (septiembre de 1991).

Se fusionó entonces la zona fótica con el resto de la columna de agua en todos los embalses y se obtuvo el promedio anual para la clorofila "a" por embalse: Lebrije, Higuanojo, Zaza y Tuinucú; Avilés, Abreus, Paso Bonito y Pedroso (Figura 39).

La clorofila "a" se relacionó con la biomasa total calculada por el conteo celular en los embalses Lebrije, Higuanojo, Zaza, Tuinucú y Avilés. Esta relación calculada en % como promedio en el periodo estudiado para cada embalse fue el siguiente: Lebrije 0,24 % (1987-1989), Higuanojo 0,29 % (1988-1989), Zaza 0,20 % (1989), Tuinucú 0,13 % (1989) y Avilés 0,30 % (1991-1993).

Tabla 13. Contribución relativa, en la zona fótica (0 - 12 m), de los grupos taxonómicos del fitoplancton (% de la biomasa total), biomasa total del fitoplancton ($\mu g \cdot L^{-1}$ ph), concentración promedio de clorofila "a" ($\mu g \cdot L^{-1}$) y cociente: clorofila "a"/biomasa total (%), en los embalses Lebrije, Higuanojo, Zaza y Tuinucu, periodo 1987-1989, provincia Sancti Spiritus y Avilés 1991-1992-1993, provincia Cienfuegos.

Variable	Unidad	Lebrije				Higuanojo			Zaza	Tuinucu	Avilés		
		1987	1988	1989	1987-1989	1988	1989	1988-1989	1989	1989	1991	1992	1993
		n = 7	n = 11	n = 9	n = 27	n = 11	n = 9	n = 20	n = 9	n = 9	n = 4	n = 3	n = 4
Biomasa Total	$\mu g \cdot L^{-1}$	25763	15366	23189	20669	1070	1384	1211	7725	8389	4389	5891	1780
Clorofila "a"	$\mu g \cdot L^{-1}$	30	33	28	32	3	3	3	10	8	16	14	5
Clorofila "a" / Biomasa Total	%	0,12	0,21	0,12	0,24	0,35	0,22	0,29	0,2	0,13	0,52	0,29	0,34
Cyanobacterias	%	4,3	12,4	7,2	8	37	53,3	45,2	11,1	15,6	5,6	4,5	15,9
Chrysophyceae	%	-	-	-	-	-	-	-	-	0,1	0,0	0,0	0,5
Bacillariophyceae	%	9,5	5,4	2	6	9	4	6,5	27,5	3,3	15,4	31,4	30,2
Chlorophyceae	%	0,1	0,3	0,7	0	5,6	4,8	5,2	2,7	4	5,0	2,9	2,4
Konjugatophyceae	%	0	0,2	0,1	0	-	-	-	0,4	2,8	0,5	1,7	1,6
Euglenophyceae	%	-	-	-	-	-	-	-	-	-	0,0	3,9	0,0
Cryptophyceae	%	3,3	5	5,8	5	15,2	6,1	10,7	43,1	17,9	19,9	12,5	4,8
Dinophyceae	%	82,8	76,8	84,3	81	32,7	31,8	32,3	15,2	56,3	53,7	43,1	44,7

En todos los embalses la biomasa total fue relativamente elevada excepto en Higuanojo, sin embargo, también se obtuvo una relación similar al resto; el promedio anual de la biomasa del fitoplancton en el estrato 0-12 m, medido por medición de la clorofila "a" y el conteo celular en el microscopio invertido en Lebrije fue la mas alta comparada con el resto de los embalses (Tabla 13).

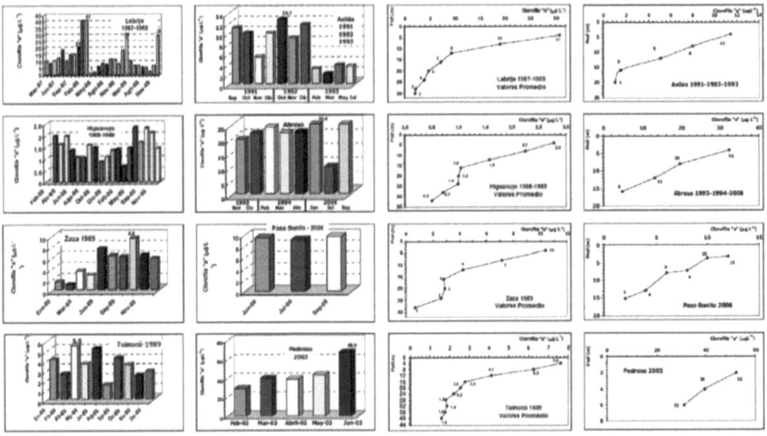

Figura 39. Comportamiento promedio mensual y en la columna de agua, de la clorofila "a" ($\mu g\ L^{-1}$) en los embalses Lebrije (1987-1989), Higuanojo (1988-1989), Tuinucú y Zaza (1989), provincia Sancti Spiritus, Avilés (1991-1992-1993), Abreus (1993-1994-2006), Paso Bonito (2006), provincia Cienfuegos y Pedroso (2003), provincia Habana.

En Lebrije, hubo una correlación significativa (r = 0,82; n = 175) entre la biomasa del fitoplancton, medida como clorofila "a", y la concentración de oxígeno disuelto para una probabilidad ($P_{0,01}$), descrita por la función no lineal MMF de la familia sigmoidal en el resto esta correlación no fue significativa (Figura 40).

La concentración de clorofila "a" de las algas absorben las luces azul y roja para el uso de la fotosíntesis (Rowena *et al.*, 2001), y es utilizada como la medida primaria de la biomasa del fitoplancton, y para la normalización de los datos de su productividad primaria (Gilebbi *et al.*, 2000). De igual forma este indicador y sus derivados son muy utilizados en la ecología acuática, puesto que facilita información sobre: **a)** biomasa, composición taxonómica, foto adaptación y estado fisiológico del fitoplancton y **b)** abundancia del detritus de las algas y la presión del pastoreo (Neveux, 1988).

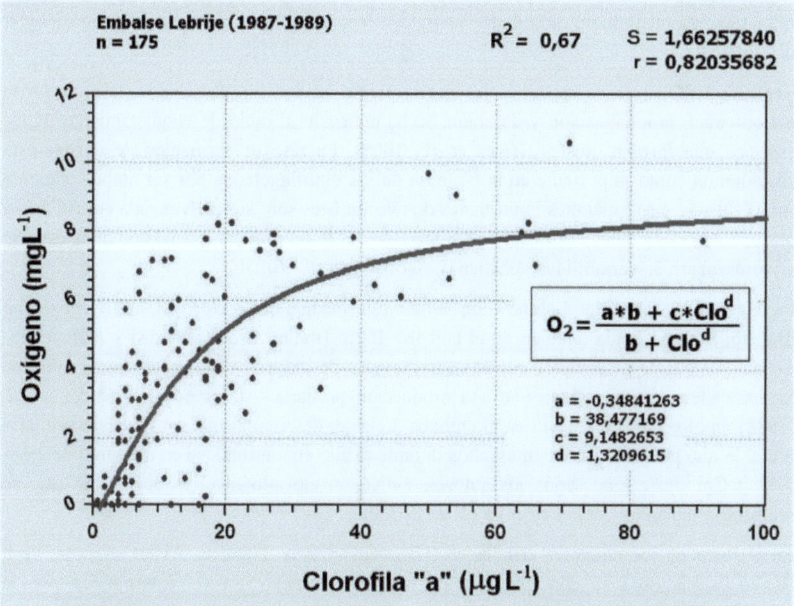

Figura 40. - Modelo matemático entre la clorofila "a" ($\mu g\ L^{-1}$) y el oxígeno disuelto ($mg\ L^{-1}$) en el embalse Lebrije (1987-1989).

El contenido de clorofila "a" no es siempre una medida real del fitoplancton desde el punto de vista del contenido de pigmentos por volumen celular, este depende de un conjunto de factores, tales como, composición de especies, estado fisiológico de los organismos y condiciones ambientales. Hubble y Harper (2000) encontraron en el lago Naivasha, Kenya

$\bar{z} = 3\ m$, el cual es moderadamente eutrófico y la clorofila "a" fluctuó alrededor de los 40 μgL^{-1} y no posee un patrón estacional.

Los valores encontrados para el cociente clorofila "a":biomasa para todos los embalses, están en correspondencia con los obtenidos por Pollingher y Berman (1975) en el lago Kinneret, Israel (promedio 0,30 %); éste, según las descripciones de los autores, posee una fuerte dominio de los dinoflagelados. Una relación similar fue observada en el embalse Barra Bonita (Tundisi y Matsumura-Tundisi, 1990), lo cual se correspondió con los altos valores de biomasa observados.

La carga de nutrientes crecientes en el agua dulce es el resultado de las fuentes urbanas y agrícolas, lo que provoca el florecimiento de algas (Grigorszky *et al.*, 2000). Entre organismos que causan este molesto florecimiento, los dinoflagelados son importantes. Ellos tienen a menudo un estadio de inactividad (receso) en su ciclo de vida (Grigorszky *et al.*, 2003a.).

Recientemente, muchos aspectos del florecimiento de los dinoflagelados, tales como la periodicidad, la localización y duración, se ha enlazado al ciclo de enquistamiento de las especies que forman quistes (Béres *et al.*, 2005). La fase de formación de quistes está considerada como importante en la biología de los dinoflagelados por ser ambientalmente significativos. Las funciones importantes de tales quistes son: supervivencia a corto y largo plazo, bajo condiciones desfavorables, iniciación del florecimiento, dispersión de la especie y preservación de variabilidad genética (Grigorszky *et al.*, 2003b).

La relación encontrada en Lebrije entre la biomasa (medida como clorofila "a") y el oxígeno disuelto, fue observada también en el embalse Barra Bonita, Brasil (Tundisi y Matsumura-Tundisi, 1990), lo cual indica que los altos niveles de oxígeno disuelto asociados con una biomasa elevada, representan una alta producción primaria. Al respecto Fernández *et al.* (1988) en el estudio realizado en el embalse Lebrije, determinaron la producción primaria bruta, la que presentó valores muy altos durante el año encontrándose en un rango de 2,68-7,64 g $Cm^{-2}día^{-1}$. Esto según los autores, indicó un elevado nivel trófico. Todo esto se reafirma en aquellos estratos ricos en biomasa (Laiz *et al.*, 1994).

En el resto de los embalses estudiados (Higuanojo, Zaza, Tuinucú, Avilés, Abreus, Paso Bonito y Pedroso) la concentración del oxígeno disuelto estuvo determinada por la estratificación térmica.

1.7.- Conclusiones.

El comportamiento de sólidos disueltos en las aguas de los embalses estudiados no produce alteraciones fuera de lo común, sus concentraciones garantizan el uso para el cual están destinadas sus aguas y a pesar de la intervención humana en determinadas cuencas hidrográficas, éstas no afectan los niveles obtenidos ya que sólo dependen del intemperismo de las rocas que componen la geología en cada cuenca de drenaje.

La composición química de las aguas de los embalses estudiados permite el conocimiento de estos ecosistemas acuáticos y como se encuentran influenciados por la geología de su cuenca y la incidencia antrópica en la misma. Las aguas embalsadas poseen la calidad para el uso previsto: Lebrije, Tuinucú, Paso Bonito y Abreus (doméstico e industrial), Zaza, Higuanojo, Avilés y Pedroso (irrigación). Las aguas de los embalses fueron clasificadas como bicarbonatada-cálcica (Higuanojo, Avilés, Abreus, Paso Bonito y Pedroso), bicarbonatada-magnésica (Lebrije y Zaza) y bicarbonatada-sódica (Tuinucú).

La incidencia antrópica en estos embalses es muy variada, por lo que Zaza, Abreus y Pedroso son las más afectados por la actividad humana, especialmente Zaza, pues comparte la cuenca hidrográfica con la provincia Villa Clara y en el curso de los ríos y sus cuencas, que fluyen hacia el embalse (7 en total) se localizan muchos poblados, pequeñas y medianas ciudades y planes agrícolas estatales y privados, unidos a los cuales hay también ganadería extensiva e intensiva.

En el resto de los embalses, las afectaciones que el hombre provoca son mínimas y se enmarcan más hacia una ganadería de tipo extensiva, así como la agricultura, pero, además, sus cuencas de drenaje no poseen una gran extensión. Las excepciones son Paso Bonito y Avilés. El primero tiene una cuenca afectada por deforestación, influyendo en esto la entrada de nutrientes que se incorporan en la estación húmeda, por el cauce del arroyo Navarro, pero sobre todo por el túnel de la central hidroeléctrica Hanabanilla, por donde penetran $\approx 21\ m^3seg^{-1}$, lo cual es permanente debido a que la generación eléctrica producida se utiliza en el sistema energético nacional (Laiz, 2006; Laiz y Flores, 2007b, 2007c).

Avilés es el otro embalse que, a pesar tener una cuenca hidrográfica media (310 km^2) y estar compartida con la provincia Villa Clara, no tiene incidencia directa de poblaciones; sin embargo, en las aéreas circundantes del embalse hay unas 25 vaquerías para la ganadería extensiva e intensiva, por lo cual toda esta materia orgánica se vierte hacia el agua con mayor rapidez y constancia, asegurando los niveles de nitrógeno registrados durante el estudio.

Las variaciones climáticas, como la irradiación solar y las precipitaciones, influyen directamente sobre el comportamiento de las variables térmicas en los ecosistemas acuáticos y las concentraciones de oxígeno disuelto. Esta variación térmica ha sido la más importante en el comportamiento de los ecosistemas, pues han posibilitado el desarrollo de algunos procesos químico-biológico (Ej. nitrificación y desnitrificación).

Existe correspondencia entre la temperatura del aire, la del agua y como esta se difunde en el perfil vertical hasta el fondo favoreciendo diferentes procesos, entre estos, la dilución del oxígeno atmosférico y la distribución del oxígeno producido a través de fotosíntesis.

La relación encontrada entre la temperatura del aire y la superficial del agua, definida por polinomios de grado tres ($T\sup_{agua} = aT_{aire} + bT_{aire}{}^2 + cT_{aire}{}^3$) para las temperaturas máxima, media y a las 13:00 horas del aire, con coeficientes de determinación (R^2) entre 0,72 y 0,89 indican que la regresiones calculadas se cumplen para un proporción alta (generalmente más de 89% y nunca menos de 72%) de la variación de temperatura de agua.

Los gradientes térmicos provocan, durante el periodo estratificado, un agotamiento del oxígeno hacia el fondo debido a varios factores, como la entrada de materia orgánica que debe degradarse, los procesos de oxidación que logran transformaciones de diversos compuestos químicos y la sedimentación del fitoplancton, esta última ocurre también en la mezcla.

La incorporación de materia orgánica, junto con las altas temperaturas prevalecientes en climas tropicales, como Cuba, tiene un efecto estimulatorio sobre los procesos de desnitrificación. El carbono orgánico incrementa la tasa de desnitrificación, lo cual fue detectado en la mayoría de los embalses, sobre todo en épocas de estratificación y comienzos de la pérdida de la misma. La morfometría de los embalses contribuye a la presencia de concentraciones superiores de nitrato que de amonio debido a la descomposición de materia orgánica y la nitrificación del amonio resultante. La sílice (SiO_2) siempre presente, no afecta el desarrollo de las diatomeas ya que nuestras aguas en general poseen una alta concentración de este elemento.

Los niveles de nutrientes medidos en los ecosistemas acuáticos estudiados están relacionados con el comportamiento térmico registrado, por lo que en la descomposición de la materia orgánica alóctona que se incorpora en la estación húmeda, se produce el amonio (NH^+_4-N) y en la mezcla, la nitrificación; sin embargo, también hubo desnitrificación a pesar que la misma es parte del proceso de reducción, por lo que se destaca que la incidencia del carbono que penetra con la materia orgánica, favorece las tasas metabólicas debido a las temperaturas relativamente altas, aun en periodo invernal, las cuales en el embalse Tuinucú no fueron menores de 22 °C en el agua.

Entre las diferencias en el ciclo del nitrógeno se encuentra lo ocurrido en Tuinucú, en el cual el amonio registrado siempre fue superior a lo esperado y esto se analizó por la juventud del embalse (2 años) y el mal manejo que se hizo de la materia orgánica del vaso del mismo, la cual no fue retirada durante su construcción. Interviene también la imposibilidad de que se ejecute el proceso de mezcla producto de la barrera que ofrece a los vientos dominantes el sistema montañoso que rodea al embalse, lo que no permite superar la distancia del "fetch" lo cual evita que las aguas profundas logren una mezcla completa.

En Tuinucú, producto de esto, las concentraciones de nitrato fueron mínimas o casi iguales que los nitritos inorgánicos, ambos como producto del proceso de nitrificación, que se desarrolla en presencia de oxígeno, el cual estuvo ausente durante el año completo. Una situación similar ser reporta en el embalse Arenal, en las provincias Alajuela y Guanacaste, Costa Rica (Umaña, 2006).

El fósforo (P) presente en las aguas de los embalses objeto de estudio, mostró variaciones entre los periodos estratificados y la mezcla, sobre todo por la presencia de la forma asimilable, el ortofosfato (P-PO^{-3}_4), el cual se libera a partir de los sedimentos en ambos periodos y posibilita su utilización para el desarrollo de los productores primarios, convirtiéndose de esta forma en un nutriente limitante.

El fósforo se acumuló en las zonas profundas y anóxicas de los embalses, favoreciendo su ascenso en épocas diversas del año, la estratificación y mezcla. La liberación del fósforo a partir de los sedimentos depende de múltiples factores ya que éste es un proceso altamente complicado, pues implica la interacción de numerosos mecanismos físicos, químicos y biológicos, entre los que se encuentran la mineralización de la materia orgánica, la disolución de sales, el equilibrio de intercambio entre compuestos minerales (Ryding y Rast, 1992).

Por todo lo expuesto, se producen concentraciones altas de fosfato ($P\text{-}PO^{-3}{}_{4}$) en las zonas profundas cuando comienza el periodo estratificado por la reducción del oxígeno presente que lo sustituye la formación de sulfuro de hidrogeno (H_2S), el cual se une al hierro (Fe^{2+}) liberando el ión fosfato y durante la mezcla por un proceso oxidativo, también ocurre una reducción del hierro ($Fe^{3+} \rightarrow Fe^{2+}$), facilitando de esta forma la liberación del fosfato unido al hierro.

En todos los embalses estuvo presente el fosfato en las zonas profundas, excepto en Higuanojo en el cual se comprobó que, a pesar del alto nivel de fósforo total, la concentración de fosfato sólo estuvo presente en los estratos superiores y sobre todo la respuesta biológica del ecosistema siempre fue mínima denotando que no había suficiente nutriente (*P*) para el crecimiento de las algas, porque se concluyó que el fósforo no era asimilable por la biota.

La materia orgánica penetró en las aguas de los embalses a través de los afluentes tanto en el periodo estratificado como en la mezcla; en ambos casos fue degradada con mayor o menor celeridad de acuerdo con las características morfométricas de los embalses y los niveles de oxígeno presente, en dependencia de lo cual además, se desarrollaron los procesos de oxidación-reducción que posibilitaron la disminución o incremento de los componentes nitrogenados necesarios para el desarrollo de la productividad primaria.

Las propiedades ópticas de los embalses son altamente variables, y están controladas por el color que aportan las sustancias húmicas, las partículas orgánicas e inorgánicas suspendidas y el fitoplancton. Las variaciones estacionales que se obtienen durante la medición de la transparencia utilizando el disco Secchi, aportan información importante sobre el comportamiento trófico de los embalses y en nuestro estudio se destaca que de los ocho embalses estudiados solo uno es considerado como oligotrófico de acuerdo con el valor promedio anual obtenido.

La comunidad del fitoplancton analizada como biomasa por conteo celular en los embalses (Lebrije, Higuanojo, Zaza, Tuinucú y Avilés), mostró una marcada estacionalidad, típica de ecosistemas acuáticos localizados en latitudes mayores a los 20° N (Lewis, 2000; Lewis,

2002) con sus diferencias, pero siempre dirigida al predominio de géneros o grupos taxonómicos que se sucedieron unos a otros en los periodos estratificados y de mezcla.

La respuesta en aquellos clasificados como polimícticos-cálidos fue relativamente alta, esto muestra que el fósforo, a pesar de ser el nutriente limitante, siempre estuvo disponible para el desarrollo de la producción primaria en estos embalses (Abreus y Pedroso).

El embalse Paso Bonito tuvo una biomasa relativamente baja y esto es debido a que el tiempo de retención hidráulica (0,5-0,75 años) es menor que en el resto, excepto Pedroso. Si además se añade que hubo presencia de fosfato como promedio anual hacia las zonas anóxicas cercano al sedimento y que las concentraciones de hierro y manganeso (Laiz, 2006; Laiz y Flores, 2007c) son altas en estas aguas producto de la geología del área de drenaje, entonces se obtiene una respuesta de la biota como la encontrada en este acuatorio.

El comportamiento de los cinco embalses (Lebrije, Higuanojo, Tuinucú, Zaza y Avilés) es similar en cuanto a la periodicidad del fitoplancton y la sucesión de grupos entre la mezcla y la estratificación térmica.

Al analizar la diversidad observada que hubo presencia de **Cianoprocariotas,** no fueron determinadas características tóxicas (debido a la *Microcystis aeruginosa* y *Cylindrospermopsis raciborskii*) en las aguas potabilizadas, aunque esto implica que es necesario mantener un chequeo periódico por la posible ocurrencia de un florecimiento de estas algas y su afectación para el agua de consumo.

Sin embargo, tanto en las aguas procedentes de Tuinucú como aquellas potabilizadas de Abreus, fueron detectados el género *Anabaena sp.* y en este caso el sabor característico de estas aguas si fue constatado durante el periodo de estudio e incluso en la actualidad para el embalse Tuinucú.

Esto último se corresponde con el conocido "sabor y olor a tierra húmeda" el cual lo aportan este tipo de algas, en la que están involucradas dos sustancias químicas la Geosmina y el MIB (2-metil-isoborneol) (Nalinakumari, 2002; Gerritsen, 2003). El umbral de concentración para detectar estos compuestos dependen de la sensibilidad individual para el sabor y el olor (Suffet *et al.*, 1995) y varía de aproximadamente: 6-10 ng L^{-1} (Rashash *et al.*, 1997)[4].

En aquellos embalses donde se calculó la biomasa, además por el conteo celular, se determinó que las **Chlorophyceae** (algas verdes) fue el grupo de mayor diversidad, pero también el que menos participación posee en la biomasa analizada. Las diatomeas (**Bacillariophyceae**) fueron dominantes en aquellos embalses que presentaron aguas relativamente turbias y ricas en materia orgánica y con movimientos apreciables del agua, producto de los vientos reinantes.

El menos diverso fue el de las **Dinophyceae**, destacándose el género *Peridinium,* el cual fue prácticamente dominante en todos los embalses, principalmente en Lebrije y Tuinucú, en

[4] ng = nanogramo (millonésima parte de un miligramo)

ambos periodos térmicos. Serruya y Pollingher (1983), manifiestan que ésta es un indicador de la estabilidad de la estratificación y la disminución de los nutrientes, durante el proceso de estratificación.

La relación existente entre la clorofila "a" y la biomasa del fitoplancton por conteo celular estuvo en el intervalo entre 0,2 y 0,3% en cinco embalses, la importancia de ambas mediciones y su similitud con otros embalses en otras regiones tropicales del resto del mundo, demuestran su importancia para el conocimiento del comportamiento de la biomasa de los productores primarios.

2 - Proceso de eutrofización y estratificación en embalses.

2.1.- Eutrofización.

El comportamiento de los nutrientes, nitrógeno (*N*) y fósforo (*P*) en estos ecosistemas acuáticos fue el siguiente: el promedio del nitrógeno total (Nt) se comportó en un rango entre 434 y 2.022 μgL^{-1}, correspondiendo estos extremos a los embalses Avilés (1992-1993) y Pedroso (2003). El rango medido para el fósforo total (Pt) estuvo entre 39 y 263 μgL^{-1}, valores extremos pertenecientes a Paso Bonito (2006) y Pedroso (2003) (Tabla 9).

El nitrógeno inorgánico total promedio anual medido en todos los embalses mostró que sus valores oscilan cercanos a los 400 μgL^{-1}, con excepción de Avilés (1991) 504 μgL^{-1} y Pedroso (2003) 1.319 μgL^{-1} (Tabla 9).

De acuerdo con los valores promedios anuales para la relación N:P obtenidos en el periodo (Lebrije 14, Higuanojo 14, Zaza 6, Tuinucú 8, Avilés 5, Abreus 28 y Pedroso 8) se considera que el fósforo fue primariamente limitante para el crecimiento del fitoplancton en casi todos los embalses (Tabla 9), aunque especialmente en Zaza, Tuinucú, Avilés y Pedroso donde los cocientes de su promedio anual fueron relativamente bajos, por lo que es aceptable la existencia de un balance muy cerrado por el elemento limitante, o sea, que ambos compuestos han contribuido a limitar el crecimiento del fitoplancton, alternándose, sin descartar la existencia de meses donde esta relación fue superior (enero, febrero y mayo de 1989; enero, febrero y septiembre de 1989; diciembre de 1991 y noviembre de 1992) para estos tres embalses respectivamente.

Lebrije e Higuanojo exhibieron una relación de N:P similar para ambos embalses, aunque en el caso de Higuanojo, el fósforo presente no es asimilable por los productores primarios y así se evidenció por los resultados de la biomasa del fitoplancton (Tabla 13). En Lebrije sí fue posible analizar la limitación por fósforo durante el periodo de estudio y su incidencia sobre el comportamiento del plancton.

Abreus en el periodo 1993-1994 presentó una relación N:P, la cual demuestra que la limitación por fósforo se mantuvo también para este embalse. Diversos autores (Vollenweider, 1968; Lewis, 2000) han utilizado las relaciones entre el nitrógeno inorgánico total (*NIT*-μgL^{-1}) y el fosfato ($P\text{-}PO_4$ μgL^{-1}); para los embalses estudiados esta relación se comportó de la siguiente forma: Lebrije 23, Higuanojo 20, Zaza 5, Tuinucú 7, Avilés 6, Abreus 28, Paso Bonito 24 y Pedroso 220.

Lebrije e Higuanojo continúan con sus características de estar limitados por fósforo. Zaza, Tuinucú y Avilés muestran el mismo patrón, aunque en ocasiones se alternen las limitaciones tanto por nitrógeno como por fósforo. Paso Bonito presenta una clara limitación por falta de fósforo y en Pedroso su elevado valor sólo muestra que sus aguas tienen, además, poca permanencia en el embalse (Tabla 2), aspecto fundamental en la valoración de la eutrofización.

Debido a la desoxigenación de las masas inferiores de agua, las características del potencial redox en la superficie del sedimento son los determinantes primarios del movimiento de solutos (fosfato, etc.) entre el agua y el sedimento, destacando que el fósforo es el elemento más importante en los ecosistemas acuáticos de agua dulce (lagos y embalses). En consecuencia, los complejos químicos en el sedimento se oxidan o reducen, y entonces se encuentran disponibles y emigran fácilmente hacia las capas de agua superiores, causando una señal típica de eutrofización, nombrada florecimiento (en inglés "*bloom*") de algas (Ryding y Rast, 1992; Harper, 1992; O'Sullivan y Reynolds, 2003).

La eutrofización es precisamente difícil de definir, porque una descripción del estado trófico de cualquier ecosistema acuático es típicamente hecha en la referencia a su condición anterior de falta de nutrientes, o a un estado de las concentraciones más bajas de nutrientes en el lago o embalse (Meybeck *et al.,* 1990).

Muchas han sido las definiciones sobre este proceso que hoy afecta a toda la humanidad, pero la más acertada según consenso de las diversas autoridades es la elaborada por OECD (1982) citada por (Ryding y Rast, 1992). El proceso de envejecimiento, conocido como eutrofización de los lagos naturales se ha acelerado significativamente durante los últimos años debido fundamentalmente al crecimiento poblacional, conjuntamente con el desarrollo tecnológico (Vallentyne, 1974). Ambos factores inciden directamente en los recursos acuáticos continentales por el ingreso de nutrientes al agua y especialmente nitrógeno y fósforo (Vila *et al*., 2002).

2.1.1.-Clasificación trófica

Los estudios realizados durante décadas, llevaron a los resultados de utilizar diversos parámetros para la estimación del nivel trófico o nivel de eutrofización alcanzado por un embalse, para lo cual se emplean las metodologías descritas en la Tabla 1, a lo cual se añade el resultado de la aplicación del programa LACAT elaborado por especialistas de esta organización (CEPIS, 2001).

El establecimiento de niveles tróficos basados en diferentes parámetros analizados, permite establecer las características de la eutrofización de cada ecosistema acuático. Por lo que, de acuerdo con estas clasificaciones, se considera que Lebrije es un embalse Eutrófico (Tabla 14), Zaza y Tuinucú se comportaron como Mesotróficos, aún cuando las consideraciones hechas por la OECD (1982), incluyan a estos dos embalses como eutróficos y meso-eutróficos, pero esto sería si las condiciones climáticas fueran las de los países con clima templado.

Higuanojo, de acuerdo con los nutrientes evaluados es un ecosistema acuático Oligotrófico. Aunque en el caso de Lebrije que se clasifica como eutrófico, la misma es natural ya que no hay aportes importantes de fuentes contaminantes en su cuenca hidrográfica.

Avilés es un embalse Meso-Eutrófico con tendencia hacia la eutrofización. Abreus también se comporta como Meso-Eutrófico a pesar de que sus respuestas son diferentes, pues su biomasa medida como clorofila "a", es mayor que la alcanzada como promedio en Avilés. Paso Bonito es un embalse Mesotrófico, considerando sobre todo que su mayor aporte de fósforo se desarrolla a través de la entrega de agua de hidroeléctrica Hanabanilla. Pedroso es un embalse completamente Eutrófico a pesar de tener el menor tiempo de residencia.

Utilizando, el programa LACAT, como herramienta que permite predecir el comportamiento de los embalses y sus características tróficas (Tabla 13), se observa que el fósforo modelado está próximo a los valores medidos, con ligeras diferencias, aunque siempre es de ayuda conocer un aproximado con la realidad; sin embargo, en la clasificación que calcula el sistema coincide exactamente con la clasificación elaborada a partir de las diferentes metodologías (Tabla 1).

Tabla 14. Clasificación Trófica de los embalses estudiados, utilizando las metodologias CEPIS (2001), OECD (1982), gráficos de distribución de probabilidades (*) para fósforo total y clorofila "a" (Adaptada por CEPIS 1990 a partir de Vollenweider & Kerekes 1981) y Software LACAT (CEPIS-2001)

Sistema	Elementos	Lebrije	Higuanojo	Zaza	Tuinucu	Avilés	Abreus	Paso Bonito	Pedroso
	Años de Estudio	*1987-1989*	*1988-1989*	*1989*	*1989*	*1991-1993*	*1993-1994-2006*	*2006*	*2003*
	Carga de Fósforo $L_{(P)}$ ($g\ m^{-2}año^{-1}$)	2,154	0,428	1,725	0,804	1,242	0,652	0,798	0,575
CEPIS (2001)	Clorofila "a" (μgL^{-1})	E	O	M	M	M	E	M	E
	Fósforo Total (μgL^{-1})	E	M	M	M	E	M	M	E
OECD (1982)	Clorofila "a" (μgL^{-1})	E	O	E	E	M	E	E	E
	Fósforo Total (μgL^{-1})	E	E	E	M-E	E	M	M	E
	Nitrógeno (μgL^{-1})	M	O-M	M	M	O	O	O	E
	Disco Secchi (m)	E	M-E	E	M-E	E	E	M-E	E
Graf. Dist. Prob.(*)	Fósforo Total (μgL^{-1})	E	M	E	E	E	M	M	H
	Clorofila "a" (μgL^{-1})	H	O	M	M	M-E	H	E	H
LACAT - CEPIS (2001)	Hiper-Eutrófico (%)	7,38	-	-	-	-	-	-	5,67
	Eutrófico (%)	*76,76*	-	46,91	21,06	16,33	9,56	10,52	*74,79*
	Mesotrófico (%)	15,86	31,5	*51,95*	*73,67*	*76,36*	*77,55*	*57,29*	19,54
	Oligotrófico (%)	-	*65,76*	1,14	5,27	7,31	12,89	32,19	-
	Ultra-Oligotrófico (%)	-	2,74	-	-	-	-	-	-

O = Oligotrófico; O-M = Oligomesotrófico; M = Mesotrófico; M-E = Mesoeutrófico; E = Eutrófico; H = Hipertrófico

El nutriente limitante depende fundamentalmente de la carga interna, ya que sus incorporaciones precipitan por las concentraciones de calcio presentes en las aguas, y se resuspenden tanto durante la mezcla como en la estratificación en mayor o menor concentración, posibilitando su uso en la columna de agua por los diferentes organismos.

Las relaciones entre estos nutrientes permiten asegurar que los embalses estudiados se encuentran limitados por fósforo, pues su presencia se ha podido constatar en la respuesta biológica y la estacionalidad. Morrison y Lewis (1988) describen que el nivel de los nutrientes (*N* y *P*) en los ecosistemas acuáticos establece el comportamiento de las aguas en el proceso de eutrofización, utilizando para estos fines estimar el nutriente limitante. Este se determina por las relaciones entre: el nitrógeno inorgánico total (*NIT*), y el ortofosfato ($P\text{-}PO_4$) y también entre el nitrógeno (*Nt*), y el fósforo total (*Pt*).

Horne y Goldman (1994) señalaron que la eutrofización a menudo es el resultado de un crecimiento excesivo de algas y por consiguiente es una mayor alteración de los ecosistemas acuáticos, situación esta que coincide con el comportamiento del acuatorio en el periodo estudiado, ya que en el mismo el desarrollo de algas se manifestó con periodicidad y estacionalidad.

Betancourt *et al.* (2009b) realizaron un estudio en el embalse Paso Bonito y determinaron que en el periodo octubre de 2006 y noviembre de 2007 este embalse se evaluó como mesotrófico con tendencia a la eutrofia, de acuerdo con el análisis efectuado por los valores guía de la OECD (1982), lo cual no coincide con nuestros resultados, cuya tendencia es hacia la oligotrofia.

Monteiro y Beyruth (1997) estimaron que, para determinar la relación entre los diferentes niveles tróficos y el dominio de las diferentes especies expresadas como biomasa, es necesario relacionar los diferentes organismos estudiados con las variables ambientales. Según Welch (1992) no se exhibe un cambio importante en el estado trófico en términos de biomasa total fitoplancton (medida como clorofila "a").

En la comprensión y estudio de los procesos de eutrofización es importante que se analice el desarrollo de la integración apropiada entre los usuarios de las cuencas hidrográficas de los ecosistemas acuáticos (Tundisi y Straskraba, 1995). El proceso de eutrofización se produce debido a múltiples causas o razones entre las que se destacan: la agricultura, las aguas residuales domésticas e industriales, la escasez o falta de cobertura vegetal, la deposición atmosférica y la recarga producto de la resuspensión de los nutrientes (Helminen y Honkanen, 2002).

La eutrofización es una amenaza mundial a las aguas superficiales. Durante décadas recientes se han llevado a cabo iniciativas nacionales e internacionales para proteger y mejorar la calidad de recursos hídricos. La recuperación de aguas superficiales de la contaminación normalmente ha sido lenta (Lappalainen y Pesonen, 2000; Bradshaw y Anderson, 2001; Kauppila *et al.,* 2005). Por ejemplo, el Lago Balaton se recuperó de la hipertrofia en un lapso entre 1976 y 1985, aunque su carga de nutriente externa fue reducida sólo al 50 % (Istvánovics y Somlyódy, 2001). Esta evidencia sugiere que, incluso un aumento moderado en la carga externa, refuerza la eutrofización.

El agua para su potabilización, entre otros efectos dañinos, presenta los riesgos del manejo de la carga externa de fósforo. La magnitud de la eutrofización depende de la contribución relativa de las cargas nutrientes autóctonas y alóctonas durante la parte crítica del periodo estratificado, periodo en el cual las cianobacterias alcanzan valores máximos de biomasa (Istvánovics *et al.,* 2005). Los embalses, particularmente aquellos localizados en la cercanía de tierras fértiles son influenciados antropogénicamente por las actividades agrícolas y se convierten en más productivos (Berglund, 1991). El enriquecimiento de nutrientes inducido por el hombre ha causado los problemas mayores a los ecosistemas acuáticos (Alliksasar *et al.,* 2005).

2.2.- Estratificación y Mezcla.

2.2.1. – Estratificación

El análisis del gradiente vertical de las temperaturas y las variaciones de las concentraciones del oxígeno disuelto (Figura 14 a 17), permitió conocer el comportamiento térmico de estos ecosistemas acuáticos, de lo cual se derivan todos los aspectos fundamentales para el desarrollo de la biota y sus inter-relaciones, partiendo del proceder de los nutrientes en los diferentes estratos. La variación del periodo de mezcla varió en todos los embalses estudiados, la duración de la misma no fue directamente proporcional al área superficial, dependiendo de su morfometría individual, de la dirección de los vientos dominantes y del relieve geomorfológico que rodea a cada embalse.

La estratificación estuvo bien marcada en Higuanojo y Lebrije en la estación húmeda, comenzando en ocasiones a partir de marzo o abril, dependiendo del comportamiento anual de los aspectos climatológicos, penetración de los frentes fríos, duración, radiación solar y cambios de temperatura; esta estratificación se extendió hasta octubre y en ocasiones alcanzó el mes de noviembre, al menos en sus inicios; Zaza se mantuvo estratificado sólo en el periodo de mayo a septiembre y Tuinucú estuvo estratificado gran parte del año ocasionado por la mezcla incompleta que se produjo, producto de la zona geo-morfológica que se encuentra a su alrededor.

Avilés, estuvo estratificado durante septiembre y octubre de 1991 y a partir del mes de mayo hasta el mes de julio de 1993. Abreus, no estuvo nunca estratificado y ocurrió lo mismo que con Pedroso, los cuales están influenciados por la profundidad media (5,0 y 1,8 m respectivamente) y máxima alcanzada, 8 y 6 m respectivamente (Tabla 2). A pesar de esto hubo una disminución de los niveles de oxígeno en los meses julio a septiembre de 2006, pero esto tiene que ver fundamentalmente con el aporte de materia orgánica que recibe el embalse Abreus y el proceso de descomposición de la misma.

En el periodo de estudio Paso Bonito se mantuvo estratificado con niveles de oxígeno <1 mgO_2L^{-1} a partir de los 5 m de profundidad, acentuándose la anoxia desde los 10 m. De todos, el embalse con mayor definición en cuanto al proceso de estratificación, fue Higuanojo, influyendo su oligotrofia debidamente probada en los dos capítulos anteriores, el resto tuvo periodos de una estratificación estable pero no hubo una permanencia apreciable, aunque si participaron activamente en el proceso que los identifica como ecosistemas acuáticos tropicales.

La variación de los parámetros limnológicos, medidos en el embalse Boa Esperança, Brasil, durante el periodo lluvioso, presentó un aumento en el epilimnion a una profundidad de 17 m. Las concentraciones de oxígeno disuelto mostraron valores superiores en la superficie, como resultado de la actividad de los productores primarios y/o pérdidas de oxígeno a la atmósfera (Straskraba y Tundisi, 1999).

Este mismo comportamiento fue observado en Tuinucú donde en ocasiones el epilimnion disminuyó por debajo de los 15m. Los datos procedentes de los niveles de nitrato (*N-NO₃*) y fósforo (*P*) disponible en las capas más profundas del embalse, sugieren que la inestabilidad del ecosistema en el embalse Boa de Esperanza (Brasil) es el producto de cortas variaciones térmicas y la entrada reducida de materiales y nutrientes alóctonos procedentes del área de drenaje. Estas condiciones garantizan el estado oligotrófico de ese embalse durante el tiempo actual.

Una situación similar ocurre en el embalse Higuanojo donde a pesar de haber una estabilidad térmica en periodos del año, también ocurren entradas pobres en nutrientes procedentes de la zona montañosa del macizo de Guamuhaya. En los lagos estratificados, los cambios físicos y químicos asociados con el acto de la mezcla, como las alteraciones, ha causado la sucesión en la comunidad (Reynolds, 1993) y aumentado o decrecido la diversidad del fitoplancton (Reynolds *et al.,* 1993), dependiendo de su intensidad y severidad (Sommer *et al.,* 1993). Este aumento y/o decrecimiento en ocasiones de la diversidad se ha observado sobre todo en Higuanojo y en Tuinucú.

Los lagos tropicales profundos tienen un periodo de la estratificación prolongado durante el cual los cambios tienen lugar en la profundidad del epilimnion, afectando los nutrientes y la disponibilidad de luz junto con la composición del fitoplancton (Barbosa y Padisák, 2002).

En los embalses estratificados, los cambios físicos y químicos asociados con la mezcla actúan como alteraciones, causando la sucesión en la comunidad e incrementando o decreciendo la diversidad del fitoplancton, en dependencia de su intensidad y severidad (Reynolds *et al.,* 1993).

La estratificación térmica de un embalse produce una pendiente vertical en la estructura de comunidades del fitoplancton, lo cual permite la coexistencia de varias especies en diferentes ambientes nutritivos e intensidad luminosa (Reynolds, 1984).

La anoxia hipolimnética producida durante la estratificación produce consecuencias negativas sobre la calidad del agua, como es el caso de la liberación de nutrientes tales como amonio, nitrato y ortofosfato (McGinnis y Little, 2002; Beutel, 2006).

2.2.2.- Mezcla

La mezcla en **Lebrije** (1987-1989), aunque en ocasiones comenzó en noviembre, culminó en marzo y a veces en abril, por lo que la misma se extendió por espacio de 5 meses dependiendo del invierno tropical (Figura 14), sujeto a los cambios de temperatura que provienen de sistemas frontales. En diciembre de 1988 fue obtenida la menor diferencia de temperatura (Figura 18) entre superficie y fondo, además, los valores máximos de diferencia de temperatura entre ambos estratos fueron en septiembre de 1987. Durante el año 1988 la mayor diferencia alcanzada fue en el mes de julio.

Higuanojo (1988 y 1989) (Figura 14), la mezcla fue observada fundamentalmente entre 1988 y 1989 destacándose una mezcla completa y comenzando la perdida de la misma a finales de marzo de 89, lo cual se muestra con la elevación de la diferencia de temperatura entre superficie y fondo; entre estos estratos la menor diferencia obtenida fue en diciembre de 1988; durante el periodo de estratificación, como muestra de la estabilidad en la columna de agua, se constató un incremento en la diferencia entre la superficie en septiembre de 1988 y julio de 1989.

En **Zaza** (1989), la mezcla en este embalse fue completa (Figura 15), lo cual se evidenció por las características de las temperaturas de la columna de agua, la que se mezcló periódicamente durante varios meses, independientemente de las incidencias del invierno tropical. No obstante, como ocurre en el resto de los embalses estudiados, el menor valor de la diferencia de temperatura ocurre en los meses octubre, diciembre, febrero y enero respectivamente (Figura 18), ascendiendo paulatinamente desde marzo y el mayor valor se detectó en mayo, posteriormente comienza a descender hasta la llegada al periodo invernal del trópico.

En **Tuinucú** (1989), la mezcla fue incompleta (Figura 15), debido a la morfometría del embalse (Tabla 2) y por la influencia de los vientos reinantes (Tabla 3). De esta forma la influencia de las ondas "seiches" no es significativa, además de influir la profundidad máxima. Sin embargo, la menor diferencia de temperatura ocurrió en el mes de enero y la mayor en el mes de agosto (Figura 18).

El embalse **Avilés** (1991, 1992 y 1993), posee un área equivalente a 19 km^2 y se localiza en una altitud de 77 msnm. A pesar de encontrarse ubicado en las estribaciones del macizo montañoso de Guamuhaya, la influencia de los vientos es relativamente fuerte, observándose periodos de mezcla y de estratificación (Figura 16). En el periodo estudiado se observaron pequeñas diferencias de temperatura en diciembre de 1991 y diciembre de 1992 (Figura 18) y se obtuvo un valor elevado en julio de 1993.

El embalse **Abreus** (1993, 1994 y 2006), fue influenciado por sus parámetros morfométricos (Tabla 2) (área, altitud, profundidad máxima y media) y las mediciones efectuadas posibilitan describir a este embalse como un embalse polimíctico (Figura 16), y las diferencias entre superficie y fondo no superan los 2,6 ºC con valores mínimos de 0,6 ºC (Figura 18) en mayo de 1994 y mayo de 2006.

El embalse **Paso Bonito** (2006), sufrió la influencia de su morfometría (Tabla 2), se mezcla periódicamente sobre todo en el periodo del invierno tropical noviembre a marzo (Figura 17). Las diferencias de temperatura en el periodo de pérdida de la mezcla e inicio del proceso de estratificación alcanzan valores de 5,9 ºC en agosto de 2006, y en el periodo analizado el menor valor obtenido fue en el mes de junio (Figura 18). El macizo montañoso de Guamuhaya en el cual se encuentra su cuenca hidrográfica influye en este comportamiento.

Pedroso (2003), producto de sus características morfométricas (Tabla 2) se encuentra permanentemente mezclado (Figura 17), no solo en el periodo de invierno sino también en el verano. La diferencia de temperatura en el periodo estudiado no superó 1,5 ºC y su menor valor alcanzó 0,7 ºC (Figura 18).

Durante el invierno de un país tropical (temperaturas promedio del agua 20-26 ºC) el calentamiento diario permite un desarrollo de la termoclina), débil pero medible, con un gradiente de temperatura entre 2-5 ºC. El enfriamiento nocturno es considerable y en consecuencia la superficie del agua se enfría y por lo tanto, aumenta la densidad y se rompe la termoclina. Este fenómeno ocurre en repetidas ocasiones con ligeras variaciones y consecuentemente los cuerpos de agua se estratifican y desestratifican diariamente.

La atelomixis es esencialmente un fenómeno tropical y ha sido demostrado en solo unos pocos ecosistemas acuáticos continentales (naturales o artificiales). Por otro lado, dado que es un fenómeno de manejo macro-climático, debe tener una importancia global dentro de las regiones tropicales, actuando semejantemente en lagos estratificados de tamaños diferentes (Barbosa y Padisák, 2002). Wetzel (2001) describió la atelomixis, la cual fue identificada y caracterizada para lagos tropicales en la década de los 70s por Lewis (1973). En el último siglo (XX) este reconocimiento se fue incrementando por lo que se ha definido una diferencia básica entre cuerpos de agua templados y tropicales, descrita como sigue: Un hipolimnion anóxico en periodos estratificados no indican estatus eutrófico y la limitación de nitrógeno (expresado como nitrógeno inorgánico total disuelto) para el crecimiento del fitoplancton es más frecuente que en los lagos y embalses templados (Talling, 1965c), y estos necesitan de un rango específico para la clasificación y su estatus trófico (Salas y Martino, 2001).

Sin embargo, la fuerza impulsora principal (gran variación diaria de la temperatura del aire) prevalece y así, una extensión de atelomixis (denominada parcial) se establece durante los periodos estratificados. La atelomixis parcial se observa comúnmente a nivel mundial dentro de los lagos tropicales (Talling y Lemoalle, 1998).

Poco ha sido conocido sobre la relevancia ecológica de la atelomixis completa y/o parcial (Barbosa y Padisák, 2002). Reynolds (1997a) puntualizó que la distribución del tipo de algas (**Desmidias)** en los lagos a principio de marzo (comienzo de condiciones isotérmicas) no se explica sin asumir una intervención reciente o frecuente de mezcla intermitente. Talling y Lemoalle (1998) intuitivamente sugirieron que la atelomixis, es la causa de la formación del espesor del epilimnion y la afectación del retorno de nutrientes, podrían tener alguna relevancia ecológica (Lewis, 2000).

En términos físicos, el agua de los embalses de la zona tropical del planeta está esencialmente caracterizada por las pequeñas variaciones en su temperatura (Talling y Lemoalle, 1998; Casado-Sancho, 2001).

Para muchos problemas prácticos en los estudios limnológicos (hidroquímica, fitoplancton, zooplancton), se requiere conocer los aspectos físicos como el límite de las condiciones iniciales, y el patrón de estratificación de un lago es una valiosa información preliminar

(Rimmer, 2006). Entre estas condiciones se encuentran los nutrientes incorporados y la eutrofización propiamente dicha (Golterman, 1975), describiendo dos tipos de modelos de concentración para los compuestos orgánicos en el epilimnion e hipolimnion (Imboden y Schwarzenbach, 1985), y la cuantificación de los procesos de mezcla vertical que utilizan a un trazador inerte (Rimmer *et al.*, 2005).

2.2.3.- Clasificación

Los resultados de las mediciones de temperatura en los embalses estudiados (Figura 14 a 17) demuestran que la mayoría de éstos, de acuerdo a la clasificación de Hutchinson-Löffler (1956), son considerados como monomicticos-cálidos (Lebrije, Higuanojo, Tuinucú, Avilés y Paso Bonito), o sea, que tienen un periodo de mezcla enmarcado entre los meses de diciembre a marzo, en el que las variaciones de temperatura en el perfil son en la mayoría de ellos menores a los 2 ºC.

El embalse **Zaza** también se considera como monomictico-cálido durante algunos meses, con una mezcla pronunciada y estable durante el invierno, pero en una parte del año producto de los vientos reinantes, sin referirnos al invierno tropical, sino producto de su gran extensión y su localización en altitud no superior a los 39 msnm, se evalúa como polimíctico-cálido (Figura 15). Esto ocurrió fundamentalmente en el atardecer y las noches, lo cual se explica por el incremento en el nitrato, sin haberse producido la incorporación de nutrientes alóctonos durante las precipitaciones en la estación húmeda.

Al revisar la clasificación establecida por Hutchinson-Löffler (1956), Lewis (1983) añadió dos tipos de embalses que abarcan los Dimícticos y los Polimícticos (fríos y cálidos). En algunos embalses como es el caso de Abreus y Pedroso, producto de su poca profundidad, (someros), se mantienen mezclados la mayor parte del año, lo cual indica un estado polimíctico-cálido. Esta condición se corrobora por la presencia de concentraciones de oxígeno disuelto (Figura 16 y 17) en las capas más profundas en niveles que favorecen los procesos de oxidación, lo que se demuestra por las concentraciones de nitrato ($N\text{-}NO_3$) presentes que siempre han sido superiores a las de amonio ($N\text{-}NH_4$).

En las primeras décadas del siglo XX un grupo de investigadores describieron el patrón principal de mezcla en los lagos (Thieneman, 1925; Yoshimura, 1936). Este patrón de mezcla para lagos altos montañosos de climas tropicales, se reconoció como polimícticos y aquellos lagos de tierras bajas como oligomícticos (Hutchinson y Löffler, 1956). Ellos elaboraron la clasificación actual (basada en la mezcla) y que ha persistido, según Lewis (1983) debido a su simplicidad y que las mismas están basadas en dos de los medios fundamentales para la comparación de los ecosistemas acuáticos, la nutrición y la variación temporal.

Los esquemas de clasificación nunca son completamente satisfactorios, pero la clasificación trófica encontró una enorme aceptación, lo cual también ha ocurrido con la clasificación de mezclado, además, se ha incluido en libros de texto sobre limnología

(Cooke *et al.*, 1993). A pesar de esto todavía en la actualidad se realizan revisiones que sugieren que esta pudiera mejorarse por algunos cambios comprensivos (Lewis, 1983).

La clasificación de Hutchinson-Löffler (1956) reconoce 6 tipos de lagos, perfectamente aplicable a los embalses. Hutchinson (1957) demostró las condiciones asociadas con cada uno de los tipos de lagos tropicales y Talling (1969), al revisar los patrones térmicos en los lagos africanos, sugirió que una fuerte periodicidad anual del régimen térmico fue casi universal en el África tropical; sin embargo, Lewis (1973) apuntó que tal "Esquema de clasificación tropical" fue sugerido sin información sobre las zonas tropicales de América y Asia, ya que las mismas se hicieron en zonas templadas.

Talling (1969) y Ward (1985) señalaron que hay una fuerte tendencia para que la estación de mezcla coincida con el invierno hemisférico, sugiriendo que la temperatura mínima del aire es de vital importancia. Los lagos y embalses justo en el Ecuador tienen un régimen anual influenciado por otros aspectos del clima, pero nunca tienden a mezclarse en una época particular del año.

La profundidad de mezcla depende de la interacción entre la tensión del viento sobre la columna de agua y la resistencia a la mezcla (Reynolds, 1984). En lagos tropicales poco profundos ocurre una estratificación durante el día y cuando las aguas de la superficie se enfrían y el viento la desestratifica, ocurren los fenómenos de mezcla diaria que también es conocida como atelomixis (Lewis, 1983).

En general, las temperaturas que muestran los embalses cubanos son altas, pero al analizar el conocimiento anterior sobre las temperaturas mas frías en lagos tropicales de gran altitud, hay numerosos ejemplos de lagos cálidos tropicales con una variación estacional de sólo 2-3 °C (24 a 26 °C como ocurre en el lago Victoria) (Talling, 1966). Sin embargo, el epilimnion del lago Titticaca también muestra una diferencia de 3 °C entre verano e invierno en un intervalo totalmente diferente de temperatura (12 a 15 °C). Esto, por supuesto, refleja los pequeños cambios en la radiación solar y la temperatura del aire en latitudes bajas, o más cercanas al ecuador. Por esta razón, aunque las tasas de radiación son elevadas en la zona cálida del planeta, el hecho que ellos son constantes en el tiempo los convierte en una fuerza impulsora pobre de eventos de la limnología. Según Lewis (2000) las precipitaciones y los vientos, más estacionales, tienen un papel decisivo.

Betancourt *et al.* (2009a) señalaron en su estudio que el embalse Paso Bonito mostró un patrón monomíctico en el año 2006 y sin embargo durante el 2007 se observó un comportamiento polimíctico, lo cual no coincide con las características morfométricas del embalse ni la época del año en la cual debe observarse la estratificación térmica, con mayor o menor estabilidad producto de las precipitaciones.

Recíprocamente, las precipitaciones tienen una clara distribución estacional incluso en el Ecuador. En consecuencia, la subida de nivel de agua en los embalses y ríos en varios metros, es un fenómeno común en los trópicos. Además, de un impacto considerable en la dilución de agua y suministro de nutrientes, la estacionalidad de las precipitaciones afecta profundamente los eventos biológicos, como el florecimiento ("bloom") de algas, la reproducción del zooplancton y el desove de algunas especies de peces (Lewis, 2000).

Por el aumento en la complejidad del hábitat, también se espera que los organismos planctónicos muestren algún grado de heterogeneidad espacial (Harris y Smith, 1977). La heterogeneidad espacial es una característica común de los ecosistemas acuáticos (Thackeray *et al.*, 2005).

En los ecosistemas acuáticos estudiados se observó que en Lebrije, Higuanojo, Tuinucú, Zaza, Avilés y Paso Bonito, la estratificación se mantuvo desde abril o mayo hasta octubre-noviembre de cada año, la excepción fueron Abreus y Pedroso. Las reducciones estacionales de la temperatura y la turbulencia del viento reducen la estabilidad de la columna de agua, permitiendo la mezcla completa en los ecosistemas acuáticos tropicales profundos (Rivera-R *et al.*, 2005).

2.3.- Conclusiones

El estado trófico de los embalses estudiados en las regiones central y occidental de Cuba muestra diversas categorías, de acuerdo con los estándares internacionales, tanto para regiones templadas, como para zonas cálidas. Para este análisis se utilizan diversos parámetros que incluyen los nutrientes (*N* y *P*), la respuesta de la biota (clorofila "a") y la transparencia.

Al unificar estos criterios (Tabla 1), se pudo concluir que estos embalses son: Lebrije y Pedroso "eutróficos", Avilés y Abreus "meso-eutróficos", Zaza, Tuinucú y Paso Bonito "mesotróficos" e Higuanojo "oligotrófico", lo que implica que todos sin excepción deben poseer un manejo mas eficiente del aprovechamiento y uso de sus aguas.

En el presente estudio se demostró el papel central del fósforo (*P*) en la ecología de los embalses, lo que coincide con lo descrito por Schindler (1977) el cual demostró hace más de 30 años que la mayoría de los lagos y embalses distribuidos ampliamente en el mundo estaban limitados por *P*, lo que está restringido antes de la eutrofización cultural, independiente de su estado trófico original (Quirós, 2002).

En el estudio se evidenció que es necesario considerar concentraciones desconocidas de nitrógeno, azufre y fósforo, producto de la deposición atmosférica lo cual posibilita que se depositen en nuestros suelos y aguas. Ésta última se convierte en la actualidad, en una fuente importante de fósforo para los ecosistemas acuáticos lénticos (Migon y Sandroni, 2000; Stelzer *et al.*, 2002) lo cual ocasiona la variación temporal en la biota o procesos del ecosistema que son limitados por este elemento.

Esta deposición atmosférica de fósforo (P) en los ecosistemas ocurre durante la estratificación, e incluso en el periodo de mezcla, en inviernos tropicales con abundantes precipitaciones acompañantes de los cambios de temperatura.

La estratificación térmica observada en los embalses Lebrije, Higuanojo, Zaza, Tuinucú, Avilés y Paso Bonito, indica que ésta se estableció debido a que las variaciones de la temperatura en las aguas superficiales y profundas producto de la energía calórica aportada por la irradiación solar y absorbida por el agua, logró distribuirse hacia las capas profundas de los embalses, elevando las temperaturas entre 25 y 26 °C en la mayoría de los embalses, excepto en Tuinucú e Higuanojo, donde fueron alcanzados entre 22 y 24 °C.

Lebrije, Higuanojo, Tuinucú, Avilés, Paso Bonito y Zaza todos localizados en la región central de Cuba, son monomícticos-cálidos, ya que están estratificados gran parte del año y se mezclan durante el periodo de la estación seca (invierno tropical); en el caso de Zaza, por su extensión (113,5 km^2), su altitud (39 msnm) y la incidencia de los vientos por la geomorfología en el área circundante, se comporta sobre todo en el periodo estratificado como polimíctico-cálido.

Los embalses, Abreus y Pedroso son polimícticos-cálidos influyendo en estos su morfometría (profundidad media y máxima), la extensión de su cuenca hidrográfica (1075 y 525 km^2 respectivamente) y la influencia de los vientos reinantes; la mezcla en el embalse Tuinucú es incompleta, producto de su localización, su área circundante son montañas que alcanzan los 150-160 msnm, lo cual provoca que durante todo el año el hipolimnion siempre permanezca anóxico, asegurando una pronunciada estratificación vertical.

En éstos embalses, Laiz *et al.* (2004) estudiaron que la presencia de amonio, producto de la descomposición de la materia orgánica, no se registró elevada debido a la polimixia manifiesta durante todo el año, por la falta de estratificación térmica y la mezcla permanente, por lo que hay presencia de oxigeno, que favorece la nitrificación, estando en cierta forma limitada la desnitrificación que ocurre en el periodo húmedo, solamente restringida a la tasa metabólica que en combinación con la temperatura existente favorece este proceso en presencia de oxigeno.

3. - Sedimentación en embalses cubanos.

Los resultados que se muestran están enfocados fundamentalmente hacia la pérdida de capacidad de almacenaje en 15 embalses de 10 provincias (Figura 41). Este estudio de sedimentación se llevó a cabo partiendo del criterio de analizar principalmente embalses que tuvieran como uso fundamental el abasto a poblaciones producto de su importancia.

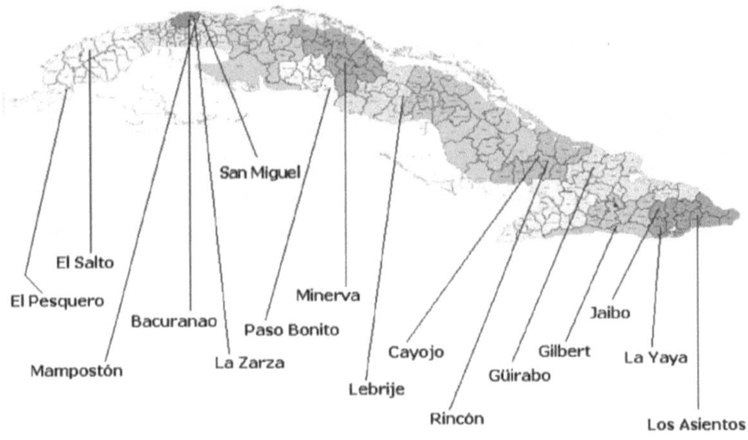

Figura 41. Esquema del Archipiélago Cubano y localización de los 16 embalses estudiados.

Los embalses estudiados solo representan el 6 % del total de ecosistemas acuáticos que con estas características ha construido el país en diferentes épocas. El objetivo del estudio fue mostrar la importancia de la sedimentación como problemática ambiental y que la misma debe corresponderse con un actuar efectivo por parte de las autoridades hidráulicas, sin profundizar en sus causas directas e indirectas. Además, se hizo una compilación de los esquemas geológicos de cada cuenca hidrográfica según descripciones del IGP (2015) (Figura 42 a 45).

Para analizar el comportamiento de los embalses seleccionados se consideró el escenario geomorfológico en el cual se encuentran los mismos, para realizar comparaciones entre ellos y obtener su vinculo con el entorno. Por tal motivo el trabajo se basó en la clasificación del relieve de la cuenca hidrográfica de cada embalse, descrita en el Atlas Nacional de Cuba (1985-1990), agrupando los embalses de acuerdo a sus relieves y el de sus cuencas hidrográficas (Tabla 15). Se hicieron pronósticos de tiempo de vida utilizando modelos matemáticos descritos por Soler (2007) y Francis (2008), destacando que el rango de uso se calcula entre el 2061 y el 2300 si la tasa de sedimentación anual se mantiene.

Con **relieve de llanura** se estudiaron los embalses Bacuranao y el Pesquero, en la Región Occidental, con un tiempo de construcción similar (35, 39 y 34 años respectivamente) y con características geológicas similares en las cuales predominan sedimentos del complejo de litofacies terrígenas, han perdido el 11,1 % (Bacuranao), 17,1 % (Pesquero) y 3,99 %de la capacidad a embalsar. El embalse San Miguel con 34,5 km^2 en su cuenca hidrográfica existen muchos pequeños embalses en un número total de 12 que finalmente fluyen hacia el río Jaruco y que garantizan la baja sedimentación obtenida. El otro embalse de llanura es El Rincón, en la región de Camagüey–Maniabón, con 19 años de explotación, La presa El Rincón, está construida en una zona de articulación entre el relieve de llanura y de pie de monte, sobre sedimentos vulcanógenos, y presenta el 9,6 % de sedimentación del volumen total del embalse. La diferencia de estas obras se explica por el tiempo de construcción, ya que El Rincón es 20 años más joven que el Pesquero y 16 años más que Bacuranao, de mantenerse el régimen hídrico actual este embalse tendrá niveles similares de sedimentación, debido a que el aporte de sedimentos en suspensión a la red de drenaje de la cuenca tributaria del embalse provienen del intemperismo de las rocas del complejo vulcanógeno sedimentario (Figura 42) y el área de la cuenca del Rincón es el doble o el triple de las anteriores, además de que los sedimentos un vez erosionados realizan un tránsito en el que se depositan y erosionan en secuencias sucesivas hasta llegar al embalse.

Tabla 15. Pérdida de capacidad total y anual (%), producción de sedimentos (t ha^{-1} año^{-1}) y estimación de la vida útil (Año) según Soler, 2007 (Puerto Rico) y Francis, 2008 (Cuba)

Relieve	Embalses	Provincia	Año Construcción	Edad	Capacidad Original	Capacidad Actual	Pérdida Total	Capacidad Anual	Área Cuenca	Producción de Sedimentos	Vida Útil	
			Año	Años	hm^3	hm^3	%	%	km^2	T ha año^{-1}	Soler (2007) Año	Francis (2008) Año
Llanura	Pesquero	Pinar del Rio	1968	39	27,609	22,87	17,1	0,438	55,7	30,82	2195	2194
	Bacuranao	La Habana	1971	35	15,710	14,06	11,1	0,317	32	20,62	2304	2304
	Rincón	Las Tunas	1990	19	21,400	19,34	9,6	0,507	123	12,32	2188	2186
	San Miguel	Mayabeque	1978	34	15,496	14,877	3,99	0,117	34,2	7,45	2829	2818
Pié de Monte	Cayojo	Las Tunas	1980	29	13,650	11,92	12,7	0,437	80,3	10,41	2209	2200
	Zarza	La Habana	1971	37	17,200	14,02	18,5	0,499	31,1	38,67	2171	2170
	Minerva	Villa Clara	1971	37	123,000	86,80	29,4	0,795	313	41,59	2097	2095
	Güirabo	Holguín	1969	39	15,200	13,51	11,1	0,285	94,3	6,90	2319	2316
Montañas Bajas	Mampostón	Mayabeque	1978	31	153,800	118,70	22,8	0,736	49,8	28,56	2114	2112
	La Yaya	Guantánamo	1975	33	160,000	125,99	21,6	0,654	555	26,00	2130	2128
	Lebrije	Sancti Spiritus	1970	38	82,392	53,57	35,0	0,921	216	49,87	2079	2078
	Paso Bonito	Cienfuegos	1974	33	8,000	4,98	37,8	1,148	65,9	19,47	2061	2060
	El Salto	Pinar del Río	1980	29	66,000	59,26	10,2	0,352	71,3	45,63	2264	2257
Montañas Medias	Jaibo	Guantánamo	1979	29	120,000	97,15	24,7	0,851	220	50,14	2131	2114
	Gilbert	Santiago de Cuba	1967	41	59,670	41.26	30,8	0,751	144	43,65	2100	2099
	Los Asientos	Guantánamo	1991	18	17,562	14,36	18,2	1,013	73,5	33,90	2090	2089
		PROMEDIO		33			19,7	0,614		29,11		

Entre los clasificados con **relieve de pie de monte** se analizaron cuatro embalses, de ellos Cayojo es el único que no tiene más de 30 años de explotación (Tabla 15), junto con Güirabo, se pueden agrupar por el área de sus cuencas, con una litología del complejo vulcanógeno en Cayojo y con sedimentos terrígenos y cuerpos de rocas ígneas en Güirabo, los dos presentan un rango de pérdida de volumen de 12,7 y 11,1 % respectivamente.

La Zarza y Minerva ambas con 37 años de uso y con geologías semejantes; aunque poseen una gran diferencia en relación al área de captación (31,1 km^2 La Zarza y 313 km^2

Minerva), la perdida de volumen alcanzó 18,5 % para la primera y 29,4 % para la segunda. Esta diferencia se explica por el grado de afectaciones antrópicas fundamentalmente en Minerva, por la agricultura cañera asentada en la cuenca. En la cuenca hidrográfica de Minerva existe alta incidencia antrópica mientras que, en La Zarza, predominan grandes extensiones de áreas boscosas, con la concebida protección de los suelos (Figura 43).

En la clasificación de **relieve de montañas bajas** se analizaron cinco embalses con un tiempo de uso entre 29-38 años (Tabla 15), la geología que predomina es de sedimentos terrígenos, carbonatados y rocas ígneas (Figura 44). Las áreas de las cuencas difieren completamente entre sí, la mas pequeña es Mampostón con 49,8 km^2, seguida por Paso Bonito con 65,9 km^2 y El Salto con 71,3 km^2, Lebrije con 216 km^2 y La Yaya con 555 km^2, estos dos últimos son los embalses estudiados, cuyas cuencas hidrográficas son de mayor área.

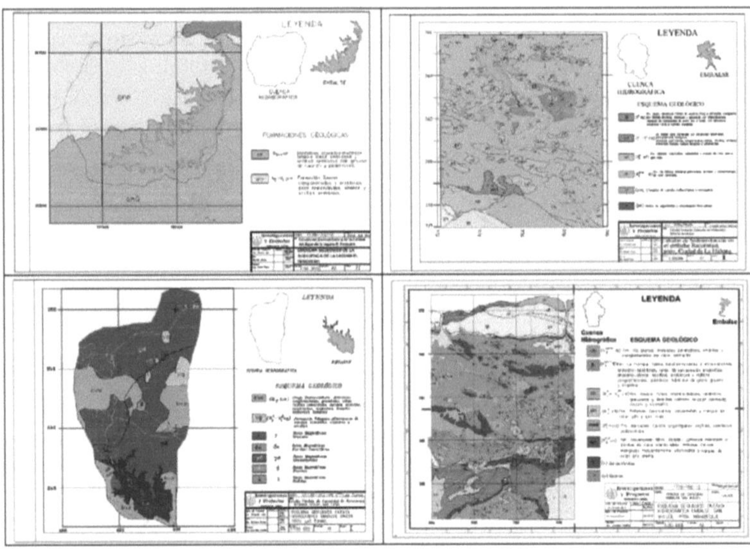

Figura 42. Esquema geológico de las cuencas hidrográficas en los embalses: con relieve de llanura, Bacuranao (La Habana), El Pesquero (Pinar del Rio), Rincón (Las Tunas) y. San Miguel (Mayabeque)

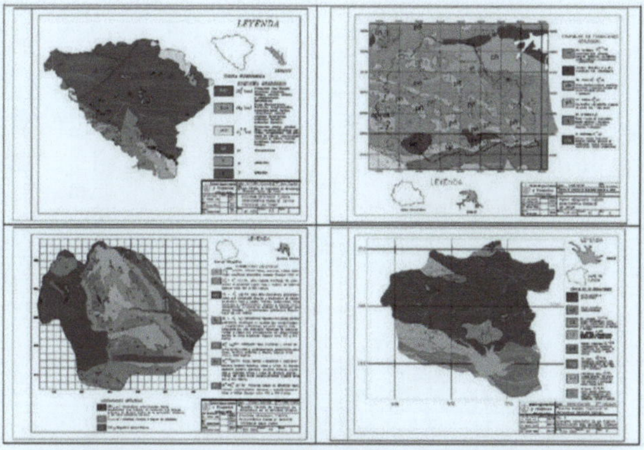

Figura 43. Esquema geológico de las cuencas hidrográficas en los embalses con relieve de pie de monte: Cayojo (Las Tunas), La Zarza (La Habana), Minerva (Villa Clara) y Güirabo (Holguín).

Al analizar la pérdida de capacidad de almacenaje entre los embalses se aprecia que El Salto presenta una pérdida por sedimentación del 10,2 %, Mampostón el 22,8 % y La Yaya el 21,6%, mientras que Lebrije con un 35 % y Paso Bonito el 37,8 % son las tienen mayor índice de sedimentación de los 15 embalses estudiados.

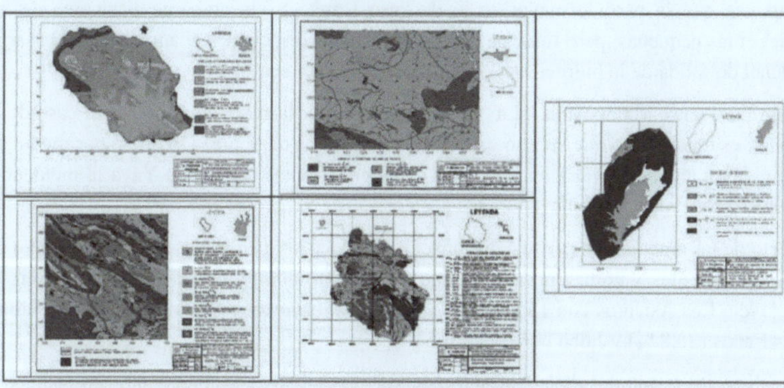

Figura 44. Esquema geológico de las cuencas hidrográficas en los embalses con relieve de montañas bajas: Mampostón (Mayabeque), La Yaya (Guantánamo), Lebrije (Sancti Spiritus), Paso Bonito (Cienfuegos) y el Salto (Pinar del Río).

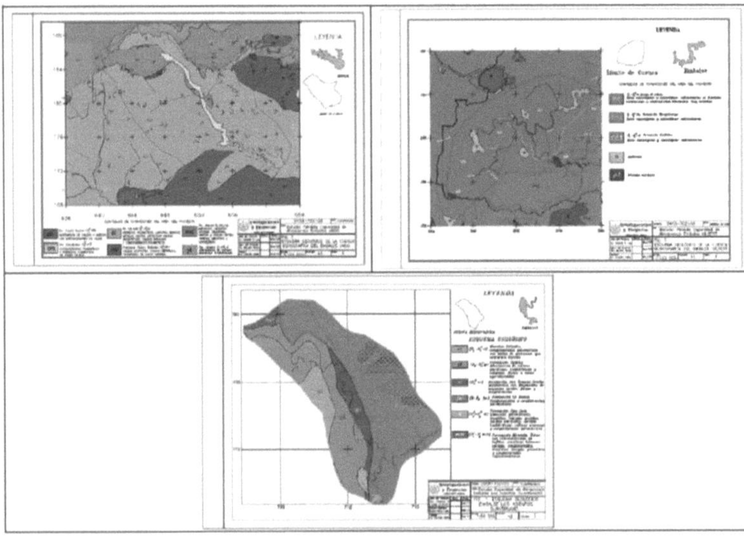

Figura 45. Esquema geológico de las cuencas hidrográficas en los embalses con relieve de montañas medias: Jaibo (Guantánamo), Gilbert (Santiago de Cuba) y Los Asientos (Guantánamo).

Se aprecia que la pérdida mayor es la de Paso Bonito y sin embargo tiene una de las cuencas más pequeñas, pero tiene en uno de los arroyos principales el aporte de la descarga del túnel de salida de la hidroeléctrica Hanabanilla (21 m^3 seg^{-1}).

La similitud entre Mampostón y La Yaya viene dada por la sedimentación, en el caso de la primera, es un embalse que recibió gran volumen de agua de la presa Pedroso por medio de un canal con abundantes sedimentos en suspensión; mientas que en La Yaya la incidencia antrópica es elevada, contribuyendo a la aceleración de los procesos erosivos.

El resto de los embalses la pérdida de capacidad se encuentra entre los que posee **relieve de montañas medias** y comprenden los estudiados en la región Oriental, en la que están, el más joven, Los Asientos con 18 años (18,2 %), el de mayor tiempo de explotación, Gilbert con 41 años (30,8 %) y Jaibo con 29 años (24,7 %).

Al analizar los resultados de la batimetría de los tres embalses se aprecia que, entre Jaibo y Gilbert, si se relacionan en tiempo de uso, tienen niveles similares de sedimentación, sin embargo, Los Asientos a pesar de tener menos años de uso la sedimentación es superior a las anteriores. El grado de deforestación de la cuenca y el uso agrícola (cultivos varios) así como que el tamaño de la cuenca, motivan que la escorrentía de la red de drenaje se produzca con un tiempo de tránsito muy rápido, interviniendo, además, la geología por lo que se depositan los sedimentos en el embalse con mayor eficiencia (Figura 45).

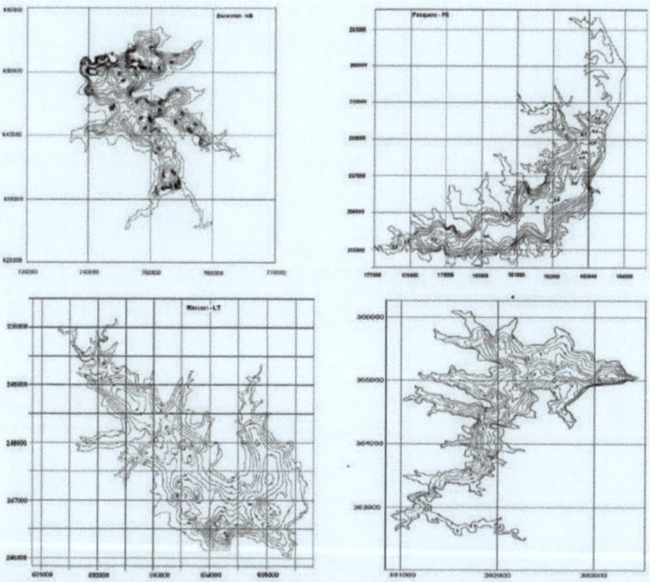

Figura 46. Curvas altimétricas (msnm) en los sedimentos de los embalses con relieve de llanura, Bacuranao (La Habana), El Pesquero (Pinar del Río), San Miguel (Mayabeque) y Rincón (Las Tunas).

En el estudio de sedimentación realizado en los 15 embalses se obtuvieron las curvas altimétricas del fondo de cada embalse (Figura 46-49) de acuerdo con las mediciones batimétricas realizadas.

El promedio de pérdida total para este grupo de embalses que representan el 6,3 % del total, con **33** años como promedio de uso, alcanza el 19,7 % lo cual representa el 0,614 % anual; **Puerto Rico**, con **53** años de uso, estos valores son el 26 % como pérdida total y anual de 0,742 %; **República Dominicana** en 7 de los 35 embalses con que cuenta el país con **16** años de uso promedio, alcanzó en estudios de capacidad de almacenaje el 18,5 % de pérdida total, representando 1,117 % anual; Costa Rica en una muestra analizada por Jiménez *et al.* (2005) de cinco embalses con 13 años de uso promedio tuvo una pérdida total de 34,6 %, lo que representa 5,021 % anual. No obstante, la geología, la elevación (msnm), las cuencas, la geomorfología y la actividad antrópica son diferentes, así como, el nivel e intensidad de precipitaciones.

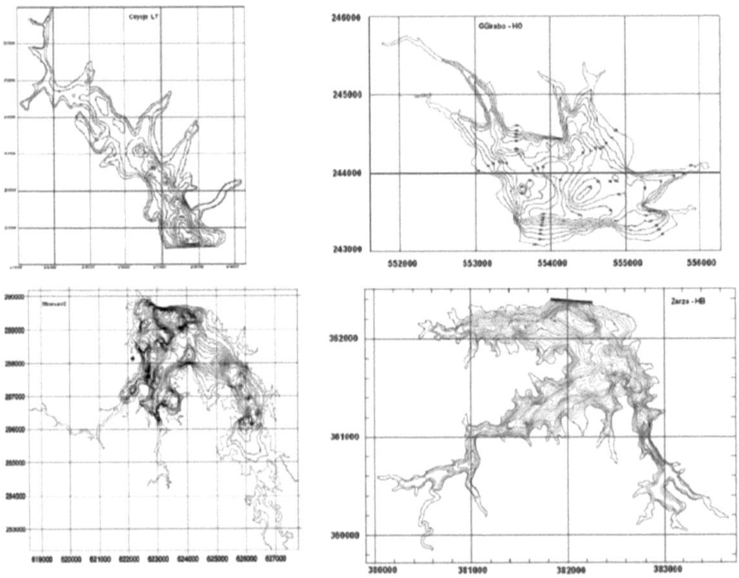

Figura 47. Curvas altimétricas (msnm) en los sedimentos de los embalses con relieve de pie de monte, Cayojo (Las Tunas), Güirabo (Holguín), Minerva (Villa Clara) y La Zarza (La Habana).

Soler (2010, comunicación personal) participó en un análisis comparativo entre 14 embalses de Puerto Rico y 15 de Cuba lo cual permitió establecer que la sedimentación ha sido superior en los embalses cubanos en correspondencia con el tiempo de uso de los mismos, lo cual puede tener su origen en que el territorio cubano ha sido afectado por 23 fenómenos tropicales, en el mismo periodo de tiempo, más que aquellos que afectaron a la Isla de Puerto Rico según datos de la NOAA (Nacional Oceanic and Atmospheric Administration). En la Figura 50 se puede apreciar el comportamiento de estos embalses portorriqueños y cubanos destacando como característica, que la pérdida anual de capacidad se encuentra cercana a la de los embalses cubanos presentados en este estudio.

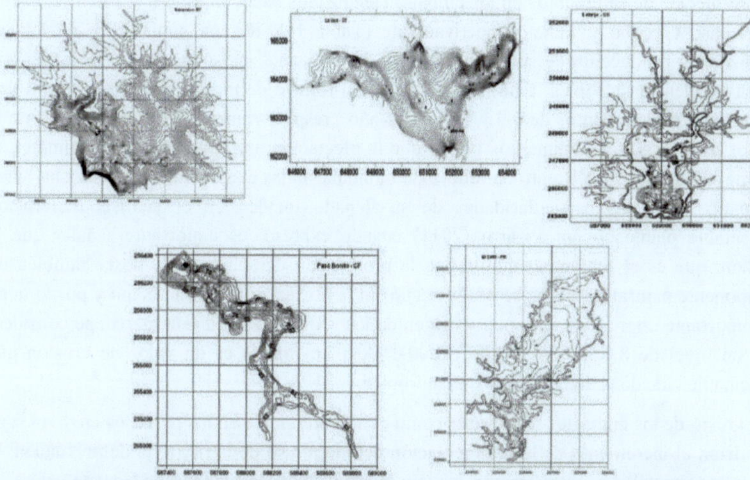

Figura 48. Curvas altimétricas (msnm) en los sedimentos de los embalses con relieve de montañas bajas, Mampostón (Mayabeque), La Yaya (Guantánamo), Lebrije (Sancti Spiritus), Paso Bonito (Cienfuegos) y El Salto (Pinar del Río).

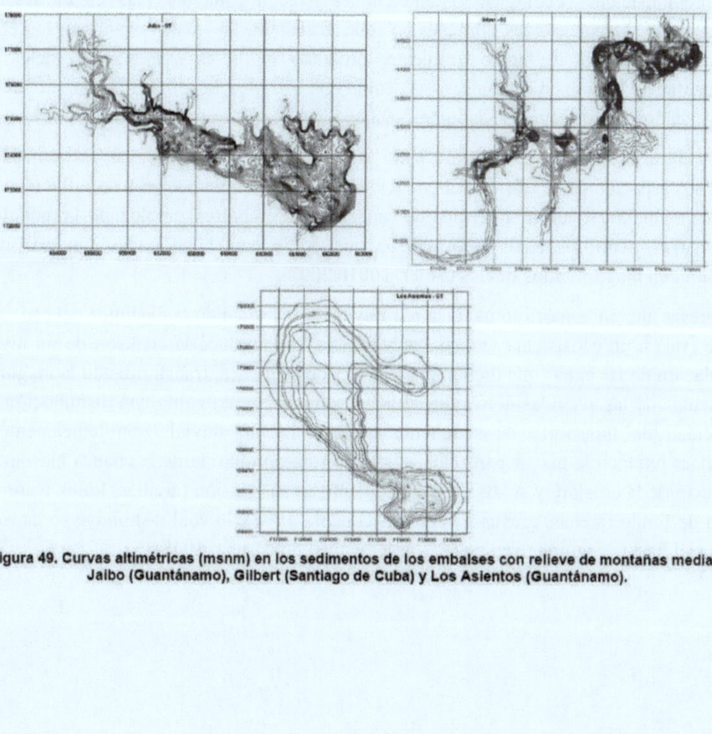

Figura 49. Curvas altimétricas (msnm) en los sedimentos de los embalses con relieve de montañas medias, Jaibo (Guantánamo), Gilbert (Santiago de Cuba) y Los Asientos (Guantánamo).

La producción de sedimentos en los embalses analizados osciló entre 6,9 y 50,1 t ha^{-1} $año^{-1}$ en el caso Güirabo y Jaibo respectivamente (Tabla 15). Rincón con relieve de llanura alcanzó una producción de sedimentos de 12,3 t ha^{-1} $año^{-1}$ mostrando de esta forma una ligera incidencia antrópica; Güirabo y Cayojo, en relieve de pié de monte mostraron una producción de sedimentos de 6,9 y 10,4 t ha^{-1} $año^{-1}$ respectivamente, el primero presentó la menor producción de sedimentos por lo que la afectación antrópica ha sido mínima en el tiempo (39 años). Paso Bonito en relieve de montañas bajas con un valor de 19,5 t ha^{-1} $año^{-1}$ mostró como las particularidades de su llenado inciden en el análisis de erosión sustentable planteado por Pizarro (2011) cuando expresó, es importante señalar que la erosión, que es el fenómeno que define la producción de sedimentos, posee también un componente natural, es decir, se produce aún sin la presencia del ser humano y por lo tanto es importante diferenciar la fuente y origen de los sedimentos. En este marco, se considera que un nivel de 8 a 10 t ha^{-1} $año^{-1}$ (800-1000 t $km^{-2}año^{-1}$) es un valor de erosión aún sustentable cuando se habla de erosión antrópica.

En el resto de los embalses se constata como el hombre incide en los procesos erosivos, que viabilizan el incremento de la sedimentación debido al uso de la tierra, la deforestación, la cobertura vegetal y la eutrofización, ya que la producción de sedimentos alcanza valores > 20 t ha^{-1} $año^{-1}$.

Las preocupaciones ecológicas y ambientales inciden cada día más en el desarrollo sostenible de las sociedades humanas en todo el mundo, las cuales examinan los efectos para la ecología y el medio ambiente, producto de la erosión de los suelos y la sedimentación en ríos y embalses, así como los posibles beneficios de los sedimentos aprovechados como recurso (Xiaoqing 2003).

La exactitud de los datos, lograda a partir de mediciones en tiempo real, es esencial para todos los aspectos de la gestión del conocimiento de la sedimentación y su influencia en el resultado final, referido a la pérdida de capacidad en embalses, empleando la modelación matemática y otros medios informáticos que en la actualidad posibilitan una mayor exactitud en los resultados finales (Soler, 2001b,2007).

Las presas alteran la morfología de la red fluvial, transformando la dinámica del ecosistema lotico (río) a un ecosistema lentico (embalse), lo que produce la creación de un nivel de inundación de las aguas que drenan procedentes de la cuenca, transformando la magnitud y frecuencia de las avenidas o crecidas al llegar al embalse, así como una disminución de la capacidad de transporte de sedimento de la corriente fluvial. Simultáneamente, los embalses retienen la mayor parte del sedimento transportado desde la cuenca hidrográfica, producto de la erosión, y se divide en: sedimento en suspensión (arcillas, limos y arenas) y carga de fondo (arenas, gravas y cantos) (Kondolf, 1997), lo cual disminuye su capacidad potencial hasta la completa colmatación (Brown, 1950; Brune, 1948).

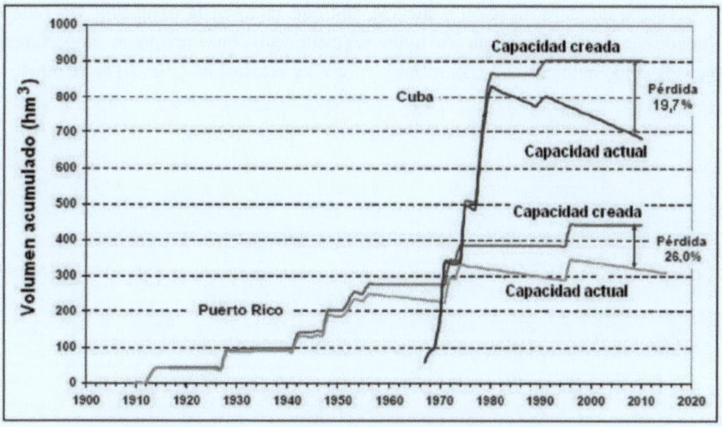

Figura 50. Análisis comparativo entre embalses de Puerto Rico y Cuba, considerando la creación de la capacidad y su pérdida en el tiempo.

3.1 Conclusiones

Los embalses cubanos están perdiendo y han perdido capacidad de almacenaje debido a los procesos de erosión, transporte de sedimentos y sedimentación. En los embalses analizados, que representan el 6,3 % del total se ha calculado una pérdida total promedio de 19,7 %, para 33 años de uso, lo cual representa el 0,614 % promedio anual.

Los niveles de sedimentación medidos en los 16 embalses analizados muestran que este proceso requiere de la ocupación de las autoridades hidráulicas, sobre todo considerando que el 74 % de los embalses construidos, poseen mas 30 años de edad, de ellos el 5% con mas de 50 años y Chalons con 111 años. Los cambios climáticos continuarán afectando el "*ciclo hidrológico*", ya sea con sequías prolongadas o con intensas lluvias y tormentas tropicales con mayor periodicidad e intensidad, por lo que las tasas de sedimentación se incrementarán.

El estudio de la sedimentación requiere de un mayor conocimiento de la actividad antrópica en la cuenca hidrográfica de los embalses, determinando la erosión y el transporte de sedimentos, en la cual es necesaria una mayor comprensión del tipo de suelo, la geologia imperante, el uso de la tierra, su cobertura vegetal y la eutrofización de los ecosistemas acuáticos.

Los sedimentos acumulados en los embalses disminuyen su profundidad y la capacidad de agua de los mismos afectando el uso y las entregas necesarias para las diferentes actividades económicas para las que fueron construidos y además, afectan la calidad del agua, debido a los procesos bioquímicos que se desarrollan en la superficie agua-sedimento, en los periodos de estratificación y mezcla, los que facilitan la oxidación y/o reducción permitiendo que en la columna de agua se disuelvan concentraciones importantes de compuestos como amonio ($N\text{-}NH_4$), nitrato ($N\text{-}NO_3$) y ortofosfato ($P\text{-}PO_4$) entre otros.

DISCUSIÓN GENERAL

Los resultados de este documento de tesis contribuirán en alguna medida con el manejo de las aguas embalsadas en el archipiélago cubano, al aplicar el conjunto de conocimientos adquiridos, que de hecho benefician las normativas y el manejo eficiente de las aguas y su calidad de acuerdo al uso al cual se destinan.

En la actualidad el manejo de las aguas embalsadas considera mas, el volumen de entrega que la calidad de las mismas, por lo que es esencial exponer un conjunto de recomendaciones que mejoren estos conceptos, partiendo del conocimiento que sobre la ecología acuática se obtiene con los estudios limnológicos de las aguas embalsadas:

1.- Contribuir con la calidad del agua para la potabilización, con la obtención de índices de calidad para las aguas embalsadas que se basen, además de los componentes actuales (macro-constituyentes, coliformes totales y fecales), en otros parámetros tan importantes como éstos, a saber, *por ejemplo*: nutrientes inorgánicos, transparencia, clorofila "a" y oxígeno disuelto entre otros.

2.- Utilizar las mediciones de la temperatura en el aire y su relación con la temperatura del agua, para estimar el comportamiento térmico en la columna de agua y determinar de esta forma la incidencia del perfil que se establece en la zona profunda (pelágica) del embalse.

3.- Determinar los períodos del año (estratificación y mezcla) que pueden incrementar los costos del agua para los diferentes usos, ya que tanto uno como otro proceso ocasiona cambios profundos en la calidad del agua, tanto cuando se establece como durante el tránsito entre uno y otro. Esto favorecerá el ahorro de reactivos (alúmina, cloro y cal), permitiendo que el agua potabilizada adquiera la calidad adecuada para el consumo y el menor costo.

4.- Un objetivo primordial de este estudio es detectar y dar a conocer la presencia de los tipos de algas y sus toxinas, entre las que se han descrito cuatro (4) grupos: hepato-toxinas, neuro-toxinas, cito-toxinas e ictio-toxinas, en embalses cuyo uso es el abasto a poblaciones e industrias, producto del riesgo que existe para el hombre y los animales. Basado en que de acuerdo como se han sucedido los cambios climáticos, periodos intensos de lluvia y sequía, con el riesgo por lo tanto, que la contaminación incremente la afectación biológica (trófica) de las aguas embalsadas, lo que posibilita que se desarrollen las algas tóxicas y manifiesten su toxicidad.

5.- Proponer medidas para la disminución de las algas tóxicas, al aplicar alguicidas, puede convertirse en un manejo efectivo casuístico en algunos embalses, para favorecer la calidad del agua, en caso necesario.

6.- Determinar la presencia de algas cianoprocariotas capaces de alterar las propiedades organolépticas de las aguas, debido a la composición química interna de Geosmina y 2-Metil-Iso-Borneol (2-MIB), en aquellos embalses donde exista referencia histórica sobre el olor y sabor a moho. Este sabor característico fue detectado en los embalses Tuinucú (Sancti Spiritus) y Abreus (Cienfuegos) en los que también se identificaron las algas que producen estos metabolitos.

7.- Determinar la zona de captación del agua en los embalses, con calidad superior para el uso doméstico (potabilización), mediante estudios de la zona de mezcla (nivel trófico = epilimnion) de los embalses. Lo que contribuye con el trabajo de ingeniería de la localización de la toma flotante para éstos.

8.- Contribuir al conocimiento de la calidad del agua para uso agrícola, utilizando los estudios geo-químicos basados en la geología del área de drenaje de cada embalse y la inter-relación existente con los elementos disueltos.

9.- Analizar la capacidad de carga para el desarrollo del cultivo intensivo de peces en jaulas, su incidencia e implicaciones en la calidad del agua del embalse, a partir de la afectación que se ocasiona en los niveles tróficos de cada embalse de acuerdo con su uso.

10.- La necesidad de compatibilizar el recurso agua para los diferentes usos (riego, abasto y energía) requiere de un análisis integral de sus características e incidencia sobre el medio ambiente circundante con el objetivo de analizar las entregas requeridas y que son conocidas como gastos ecológico/sanitario, para mantener el equilibrio en las áreas costeras con la salinidad adecuada y el aporte de nutrientes necesarios para el desarrollo de las especies costeras, objetos de la pesca en la plataforma insular cubana, así como favorecer el desarrollo de los manglares en Cuba y la acuicultura marina.

11.- El uso relativamente intenso de las aguas embalsadas en Cuba durante el año y los cambios climáticos, con sus periodos secos prolongados provocan fluctuaciones perceptibles del nivel de las aguas, debido a lo cual en diferentes periodos quedan expuestos los sedimentos que fueron enriquecidos por las deposiciones, transformaciones y enriquecimiento de nutrientes (N y P) que se producen en el proceso bioquímico en el embalse.

Estos sedimentos expuestos a las condiciones atmosféricas externas se mineralizan, por lo que una vez se normalizan los niveles debido a las precipitaciones, se incrementa la productividad primaria en el agua, provocando cambios en su calidad, por lo que pudieran extraerse estos sedimentos con equipos adecuados y disponerlos, bien en áreas cercanas que beneficien los suelos circundantes para la agricultura sub-urbana o enviarse hacia las ciudades para su uso en la agricultura urbana.

Al utilizar los sedimentos expuestos, producto de los cambios periódicos en los niveles de agua en los embalses, podrá manejarse la productividad de los ecosistemas acuáticos, lo que beneficiará la acuicultura extensiva que se practica en Cuba y además, permitirá discretos incrementos de los volúmenes actuales del agua embalsada.

CONCLUSIONES

1.-La temperatura del aire, establece una relación directa con la temperatura superficial del agua y esta a través del perfil de profundidad, con un nivel de significación $P_{<0,01}$, determinado por un polinomio de grado tres, lo que favorece los gradientes térmicos y la dilución del oxígeno atmosférico en el agua, la distribución del oxígeno producido por la fotosíntesis y estimula además, los procesos del ciclo del nitrógeno en épocas de estratificación y mezcla, lo que confirma la condición tropical e insular de Cuba y además, permite la toma de decisiones que pueden favorecer por lo tanto el manejo eficiente de las aguas embalsadas en Cuba, de acuerdo al uso al cual están destinadas.

2.-La variación estacional de la incorporación de Nitrógeno (N) y Fósforo (P) procedente de la cuenca hidrográfica, a través de los afluentes de cada embalse, influenciados por los factores abióticos externos, tales como: la temperatura, la irradiación solar, la intensidad y dirección de los vientos, entre otros, posibilita su utilización eficiente por el ecosistema. El fósforo (P) considerado nutriente limitante facilita, en su forma química asimilable para la comunidad planctónica junto a la irradiación solar, la producción primaria en el epilimnion, lo que no ocurre en el embalse Higuanojo producto de la pobre incidencia antrópica y la composición geológica en la cuenca tributaria.

3.- Se reportan por primera vez, especies de fitoplancton tóxicas para el hombre y los animales en embalses de abasto (Tuinucú, Abreus y Lebrije), no descritas hasta el momento, tales como: *Microcystis aeruginosa, Cylindrospermopsis raciborskii* y *Anabaena* sp (**Cyanoprocariotas**) esta última (embalses Tuinucú y Abreus) afecta las propiedades organolépticas de las aguas, olor y sabor a moho, ya que posee concentraciones (entre 6-10 ng [Rashash *et al.* 1997]) de Geosmina y

2-MIB (metil-isoborneol) (Anexo-1). En Lebrije además, hubo un dominio total de *Peridiniopsis Polonica* (Wolosz) Bourr[1]., (**Dinoflagelados**).

4.- Las metodologías para la eutrofización, elaboradas por OECD (1982) para lagos de clima templado y CEPIS (2001) para lagos y embalses de clima cálido, han permitido determinar varias categorías tróficas de los embalses, por lo que son aplicables a los embalses o condiciones del país por lo que los estudiados pueden evaluarse como: eutróficos (Lebrije y Pedroso), meso-eutróficos (Avilés, Abreus), mesotróficos (Zaza, Tuinucú y Paso Bonito) y oligotrófico (Higuanojo). La clasificación térmica utilizada (Hutchinson y Löffler 1956; Lewis 1983, 2000) basada en la estratificación y mezcla, posibilita clasificar estos embalses en: monomícticos-cálidos (Lebrije, Higuanojo, Tuinucú, Avilés y Paso Bonito), uno posee características intermedias entre los monomícticos y los polimícticos-cálidos (Zaza) y los menos profundos son eminentemente polimícticos-cálidos (Abreus y Pedroso).

5.- El proceso de sedimentación en los embalses afecta: la pérdida de la capacidad original, disminuye su profundidad y deteriora la calidad del agua, lo cual ocasiona limitaciones de manejo del agua en el tiempo, produce cambios en los procesos de estratificación y mezcla, alterando los procesos bioquímicos que tienen lugar en la superficie agua-sedimento, transformando finalmente el comportamiento del ecosistema acuático.

[1] Descrita por la Dra. Gertrud Cronberg, Instituto de Limnología, Universidad de Lund, Suecia.

RECOMENDACIONES

1.- Reiniciar la formación educacional sobre ecología acuática en ecosistemas lóticos y lénticos, lo que representa un amplio e importante campo de estudio y trabajo en Cuba.

2.- Realizar estudios sobre la eutrofización orientados para establecer los niveles tróficos de los embalses y contar con modelos matemáticos y procedimientos informáticos elaborados a partir de las condiciones climáticas insulares y ambientales cubanas.

3.- Es investigaciones futuras es importante analizar la deposición atmosférica de concentraciones desconocidas de nitrógeno, azufre y fósforo, pudiendo esta última convertirse en una fuente importante para los ecosistemas acuáticos lénticos, ocasionando incrementos en el desarrollo de las comunidades que son limitados por este elemento.

4.- El estudio de los gases efecto invernadero que se pueden generar a partir de las aguas embalsadas, tales como el dióxido de carbono (CO_2) y el metano (CH_4) debe convertirse en una línea de investigación futura.

5.- Retomar los estudios microbiológicos de las aguas interiores detenidos desde la década de los 80s, permitirá ampliar el conocimiento sobre el comportamiento de los embalses en los periodos de estratificación y mezcla en climas tropicales.

6.- Aplicar las medidas descritas en parte del cuerpo del documento de tesis (Discusión General) para las normativas del manejo de las aguas embalsadas de acuerdo al uso.

BIBLIOGRAFÍA CONSULTADA

Acevedo G., M., Geografía Física de Cuba. Tomo I. Edit. Pueblo y Educación, La Habana. 313 pp., **1980.**

Acorn Naturalists, "Secchi Disk and Forel Scale Analysis". [Consultada 15/09/2002], http://www.acornnaturalists .com/p7863.htm, **2001.**

Alberdice, D.F. and Velsen, F.P.J. "Relation between temperature and incubation time for eggs of Chirook salmon (*Oncorhynchus tshawytscha*)". Jour. Fish. Res. Board Canada 35: 69-75, **1978**.

Alliksasar, T., A. Heinsalu, L. Saarse, J. Salujõe and S. Veski., "A 700-year decadal scale record of lake response to catchment land use from annually laminated lake sediments in southern Estonia". Verh. Internat. Verein. Limnol. 29(1)**:** 457-460, **2005.**

Andersen, J.M. "Nitrogen and phosphorous budgets and the role of sediments in six shallow Danish lakes". Arch. Hydrobiol. 74: 528-550, **1974**.

APHA, (AWWA, WPCF), Standard methods for the examination of water and wastewater. 19th Edition. Biological Examination of Water, **1989**.

Armengol, J., "Colonización de los embalses españoles por crustáceos planctónicos y evolución de la estructura de sus comunidades". Oecología Aquática 4: 45-70, **1980**.

Barbosa, F.A.R. and Padisák, J., "The forgotten lake stratification pattern: atelomixis, and its ecological importance". Verh. Internat. Verein. Limnol. 28(3): 1385-1395, **2002**.

Batista, J.L. "Escurrimiento Sólido". Voluntad Hidráulica Año XIII 37/1976: 62-66, **1976**.

Béres, V., I. Bácsi, I. Grigorszky, C. Schnitchen and G. Borbély. "Factors controlling the encystment of a dinoflagellata species (*Peridinium cinctum*, Stein)". Verh. Internat. Verein. Limnol..29(1)**:** 235–238, **2005.**

Berglund, B.E., The Cultural Landscape During 6000 Years in Southern Sweden. - The Ystad Project. Munksgaard, Copenhagen,. 495 pp., **1991.**

Betancourt, C., R. Suárez y L. Toledo. **"**Patrones de distribución temporal de algunas variables físicas y químicas en el embalse Paso Bonito, Cienfuegos, Cuba**".** [Consultada 10/09/2010]. http://www.limnetica.com/, AIL Limnetica, 28 (1): 23-34., **2009a.**

Betancourt, C., R. Suárez y L. Toledo. "Ciclo anual del nitrógeno y el fósforo en el embalse Paso Bonito, Cienfuegos, Cuba". [Consultada 10/09/2010]. http://www.limnetica.com/, AIL Limnetica, 28 (1): 79-90., **2009b.**

Beutel, M. W. "Inhibition of ammonia release from anoxic profundal sediments in lakes using hypolimnetic oxygenation". *Ecological Engineering*, 28: 271-279, **2006.**

Beyruth, Z. and F.M. Tanaka., "Biovolume of the phytoplankton in aquaculture tropical ponds". Verh. Internat. Verein. Limnol. 27(2): 689-695, **2000**.

Borland, W.M. and Miller, C.R. "Distribution of sediment in large reservoirs". Journal of Hydraulics Division, ASCE, 84(2). **1958.**

Bradshaw, E.G. and Anderson, N.J., "Validation of diatom-phosphorus calibration set for Sweden". – Freshwat. Biol.. 46(8): 1035–1048, **2001.**

Brown, C.B. Sedimentation. Engineering Hydraulics, Hunter Rouse, Ed., Proceedings of the Fourth Hydraulics Conference, Iowa Institute of Hydraulic Research. **1950.**

Brune, G.M., "Trap efficiency of reservoirs". *Transactions*, American Geophysical Union, Volume 34, Number 3:408-415. **1953.**

Buchheim, M., Buchheim, J., Carlson, T., Braband, A., HepperLe, D., Krienitz, L., Wolf, M. & Hegewald, E.. Phylogeny of the Hydrodictyaceae (Chlorophyceae): inferences from rDNA data . *Journal of Phycology* 41: 1039-1054, 2005. [Consultada 1/11/2010]. http://www.algaebase.org/search/species/. Marzo/**2006**.

Bureau of Reclamation USA. *Design of Small Dams*. Third edition, Bureau of Reclamation, United States. **1989.**

Carlson, R.E., "The Secchi Disk in black and white". Lakeline 17; 14-15, 58-59, **1997**.

Casado-Sancho, C., Glosario de Limnología. Universidad Autónoma de Madrid, [Consultada 20/10/2004] http://www.adi.uam.es/~ccasado/8limnologia.html, **2001**.

Catalán, J.. Química del Agua. Ed. CNIC., La Habana, pp. 422. **1988**.

Cavari, A.L. and Phelps, G. "Denitrification in Lake Kinneret in the presence of oxygen". Freshwater Biol. 7: 385-391, **1975**.

CEPIS (*) [Salas, H.J. y Martino, P.], "Metodologías Simplificadas para la Evaluación de la Eutroficación en Lagos Cálidos Tropicales. Software LACAT". Centro Panamericano de Ingeniería Sanitaria y Ciencias del Ambiente (CEPIS). Programa Regional CEPIS/HPE/OPS 1981-1990. 63pp., Actualización **2001**.

Chalar, G and Tundisi, J.G., "Main processes in the water column determined by wind and rainfall at Broa Reservoir. Implications for phosphorus cycling". IN: Tundisi, J. G and. Straskraba, M.(Eds). Theoretical Reservoir Ecology and its applications. Brazilian Academy of Science - International Institut of Ecology - Backhuys Publishers. 53-65, **1999**.

Churchill, M. A. Discussion of "Analysis and Use of Reservoir Sedimentation Data," by L. C. Gottschalk, pp 139-140, Proceedings of the Federal Inter-Agency Sedimentation Conference, Denver, Colo. **1948.**

Com. Nacional Nombres Geográficos., Diccionario Geográfico de Cuba. Edit. Ofic.. Nac. De Hidrog. y Geodesia. ISBN-959-7049-08-2. Ediciones GEO. La Habana. 386 pp., **2000.**

Compère, P. Ulnaria (Kützing) Compère, a new genus name for *Fragilaria* subgen. *Alterasynedra* Lange-Bertalot with comments on the typification of *Synedra* Ehrenberg: In: Lange-Bertalot Festschrift. Studies on diatoms dedicated to Prof. Dr. Dr. h.c. Horst Lange-Bertalot on the occasion of his 65th birthday (Jahn, R., Kociolek, J.P., Witkowski,

A. & Compère, P. Eds.)pp. 97-101. 2001. Ruggell: A.R.G. Gantner Verlag K.G. [Consultada 1/11/2010]. http://www.algaebase.org/search/species/. Marzo/**2006**.

Cooke, G.D., E.B. Welch, S.A. Peterson and P.R. Newroth, Restoration and management of lakes and reservoirs, 2nd ed. – Lewis Publishers, Boca Raton, 548 pp., **1993.**

Cooke, G.D. and Kennedy, R.H., "Managing drinking water supplies". Lake Reserv. Managem. 17: 157–174, **2001.**

Cox, P.A., S.A. Banack, S.J. Murch, U. Rasmussen, G. Tien, R.R. Bidigare, J.S. Metcalf, L.F., Morrison, G.A. Codd and B. Bergman, "Diverse taxa of cyanobacteria produce β-*N*-methyloamino-L-alanine, a neurotoxic amino acid". Proc. Natl. Acad. Sci. USA 102: 5074–5078, **2005.**

Crisp, D.T. and Howson, G. "Effect of air temperature upon mean water temperature in streams in the north Pennines and Englisk Lake District". Fresh Biology 12: 359-367, **1982**.

CSIC. Los efectos del Cambio Global sobre la dinámica de procesos hidrológicos, y geomorfológicos. Sedimentación en embalses. [Consultada 15/03/2010]. http://www.ipe.csic.es/.**2003**.

Dahm, C.N., M.A. Baker, D.I. Moore and J.R. Thibault, "Biogeochemistry of surface waters and alluvial ground waters in streams and rivers during drought". Freshw. Biol. 48: 1219–1231, **2003.**

Downing, J.A., S.B. Watson and E. McCauley, "Predicting cyanobacteria dominance in lakes". Can. J. Fish. Aquat. Sci. 58: 1905–1908, **2001.**

Drenner, R.W., M.M. Chumchal, D.H. Marshall, J.L. Owens and M.R. Ernst, "Changes in water quality following renovation of a water supply reservoir". Verh. Internat. Verein. Limnol. 29**:** 979–981, **2005.**

EN 26777. Water quality – Determination of nitrite – molecular absorption spectrometric method (ISO 6777:1984). CEN 78 pp., **1993**.

EN 1189. Water quality – determination of phosphorus – ammonium molybdate spectrometric method. CEN 18 pp., **1996**.

EN-ISO 13395. Water quality - Determination of nitrite nitrogen and nitrate nitrogen and the sum of both by flow analysis (CFA and FIA) and spectrometric detection (ISO 13395:1996). CEN 20 pp., **1996**.

EN-ISO 11732. Water quality - Determination of ammonium nitrogen by flow analysis (CFA and FIA) and spectromeytric detection (ISO 11732:1997). CEN 19 pp., **1997**.

EN-ISO 11905-1. Water quality - determination of nitrogen - Part 1: Method using oxidative digestion with peroxodisulfate (ISO 11905-1:1997). CEN 18 pp., **1997**.

Faafeng, B.A. and Fjeld, E., "Accuracy of seasonal average values of important eutrophication indicators". Verh. Internat. Verein. Limnol. 27(2): 839, **2000**.

Fagundo, J.R. Química del agua karstica. EN: Hidroquimica del Karst Edit: J.R.Fagundo, J.E. Rodríguez y J.J. Valdés. Universidad de Granada. Pag. 13124, **1996**.

Fagundo, J.R. and P. González, "Agricultural use and water quality at karstic best in Cuban southern plain". IN: Karst and agiculture in the world. International Journal of Speleology (Italy) 28B(1/4): 175-185, **1999.**

Fagundo, J,R. y González, P. Hidrogeoquímica. En 8vo Curso Internacional de Agua Subterranea y Medio Ambiente, ISPJAE, INRH, 314 pp. **2005.**

Fernández, M., O. González and C. Romero., Some limnological Aspects of the Lebrije Reservoir, Sancti Spiritus Province, Cuba. IN: Water Resources Management and Protection in Tropical Climates. Eds. V.Quesada; J. Gutiérrez and L. Landner. Selected Papers from the First International Symposium Havana, February 8-12. Pag. 223-233, **1988**.

Frost, T.M., J.P. Descy, B.T. DeStasio, G.A. Gerrish, J.M. Hood, J.P. Hurley and A.L. St.Amand., "Evaluations of phytoplankton communities using varied techniques: a multi-media comparison of lakes in northern Wisconsin USA". Verh. Internat. Verein. Limnol. 27(2): 1023-1030, **2000**.

Fuentes, F. & Massol-Dayá, A. *Manual de laboratorio. Ecología de Microorganismos*. Universidad de Puerto Rico. 202-217, **2002.**

García, J.M.. El control de la contaminación de las aguas: monitoreo y estudios intensivos. Tesis Dr. Ciencias Técnicas, Ciudad de La Habana, pp. 116. **1988**.

García, J.M. y Cantero, L. Indicadores globales para la evaluación del uso sostenible del recurso agua: Caso cubano (Voluntad Hidráulica No. 100, Año 46, diciembre 2008. ISSN 0505-9461).**2008.**

Gates, D.M. Biophysical Ecology. Springer-Verlag, NY. 611 pp., **1980**.

Gehlen, M. and Van Raaphorst, W., "The role of adsorption-desorption surface reactions in controlling interstitial $Si(OH)_4$ concentrations and enhancing $Si(OH)_4$ turn-over in shallow shelf areas". Cont. Shelf Res. 22: 1529–1547, **2002**.

Gerber, N.N. and Lechevalier, H.A. "Geosmin an earthy-smelling substance isolated from Actinomycetes". Appl. Microbiol. 13: 935-938. **1963**.

Gerritsen, V.G. The earth's perfume. [Consultada 25/09/2006] http://www.isb-sib.ch/ **2003.**

Gilebbi, S., F. Cavolo, N. Salsamo and P. Cordella., "Underwater light measurements and phytoplankton content in Lake Garda". Verh. Internat. Verein. Limnol. 27(5): 2908-2912, **2000**.

Ginkel van, C.E., M.J. Silberbauer and E. Vermaak., "The seasonal and spatial distribution of cyanobacteria in South African surface waters". Verh. Internat. Verein. Limnol. 27(2): 871-878, **2000**.

Golterman, H.L., Physiological Limnology. – Elsevier Scientific. 489 pp., **1975**

Gómez-Carro, R., M. Pérez-Eiriz, M. Pubillones, y R. Amador, "La influencia del vertimiento de residuales sobre la contaminación y el nivel trófico de la Laguna de la Leche". Voluntad Hidráulica 28 N° 85: 19-25, **1990**.

Górniak, A., P. Zielin´ski, E. Jekatierynczuk-Rudczyk, M. Grabowska and T. Suchowolec, "The role of dissolved organic carbon in the shallow lowland reservoir ecosystem". Acta Hydrochim. Hydrobiol. 30: 179–189, **2006**

Granado L., C., L. Encina, C. Escot, E. Mellado A. y A. Rodríguez R. Una nueva metodología para la estima de las poblaciones de peces en embalses. Ing. Civil 103 CEDEX: 35-46, **1996**.

Grigorszky, I., S. Nagy, L. Krienitz, K.T. Keve, H.M. Mikó, A. Tóth, G. Borics, C. Máthé, B. Kiss, G. Borbely, G. Dévai and J. Padisák, "Seasonal succession of phytoplankton in a small eutrophic oxbow and some consideration to the PEG model". Verh. Int. Ver. Limnol..27: 152–156, **2000.**

Grigorszky, I., G. Borics, J. Padisák, B. Tóthmérész, G. Vasas, S. Nagy and G. Borbely, "Factors controlling the occurrence of Dinophyta species in Hungary". Hydrobiologia. 503–506: 203–207, **2003a.**

Grigorszky, I., J. Padisák, G. Borics, C. Schnitchen and G. Borbely, "Deep chlorophyll maximum by *Ceratium hirundinella* O.F. Müller (Bergh) in a shallow oxbow in Hungary". Hydrobiologia. 503–506: 209–212, **2003b.**

Gürevin, C., V. Tüfekçi, H. Tüfekçi and M. Albay, "Determination of water quality parameters of Ömerli Reservoir and effects on diatom growth". Verh. Internat. Verein. Limnol. 29 2253–2255, **2006.**

Hamel, K., "A citizen's guide to understanding and monitoring lakes and streams. Chapter 2 Lakes. Secchi Disk Depth". [Consultada 15/09/2002], http://www.ecy.wa.gov/ecyhome.html., **2000**.

Hamilton, D.P.; Spillman, C.M.; Prescott, K.L.; Kratz, T.K. and Magnuson, J.J. "Effects of atmospheric nutrient inputs and climate change on the trophic status of Cyrstal Lake, Wisconsin". VERH INTERNAT VEREIN LIMNOL 28(1): 467-470, **2002**

Harper, D., Eutrophication of freshwaters. Principles, problems and restoration. 1st edn Chapman and Hall, Londres. 327 p, **1992**.

Harris, G.P. and Smith, R.E.H., "Observations of small-scale spatial patterns in phytoplankton populations". Limnol. Oceanogr.. 22: 887–899, **1977.**

Harvey, H.W., "Measurement of phytoplankton population". J Mar Biol Ass 19: 761-77, **1934.**

Hecky, R.E. and Kling, H.J., "The phytoplankton and protozooplankton of the euphotic zone of Lake Tanganyika. Species composition, biomass, chlorophyll content and spatio temporal distribution". Limnol Oceanogr 26: 548-564, **1981**.

Helminen, H. and Honkanen, T., "The role of aquaculture in the eutrophication process of the Archipelago Sea, SW Finland". Verh. Internat. Verein. Limnol. 28(3): 1176-1179, **2002**.

Hepher, B., "Primary Production in Fishponds and its application to fertilization experiments". Limnol Oceanogr, 7(2): 131-136, **1962**.

Horne, A.J. and C.R. Goldman, Limnology 2nd Edn. McGrawHill, New York, 576 pp., **1994**.

Hubble, D.S. and Harper, D.M., "Control of primary production in a tropical shallow lake". Verh. Internat. Verein. LimnoL. 27(2): 920-923, **2000**.

Hutchinson, G.E. and Löffler, H., "The thermal classification of lakes". Proc. Natl. Acad. Sci. U.S.A. 42: 84-86, **1956**.

Hutchinson, G.E., A treatise on limnology. Vol. I. Geography, Physics, and Chemistry. – John Wiley and Sons, New York.. 1015 pp., **1957.**

Hutchinson, G.E., A treatise on limnology. Vol II Introduction to lake Biology and the Limnoplankton. John Wiley and Sons, New York, **1967.**

IGP (MEM), 2013. Léxico estratigráfico de Cuba. Servicio Geológico de Cuba, Ministerio de Energía y Minas. 3ra Versión. ISBN: 978-959-7117-58-2. 459pp.

Imboden, D.M. and Schwarzenbach, R.P., Spatial and temporal distribution of chemical substances in lakes: Modeling concepts. - In: Stumm, W. (Ed.): Chemical Processes in lakes: John Wiley and sons. p. 1–30, **1985**.

Imboden, D.M., The impact of physical processes on algal growth. – In: Sutcliffe, D.W. and Gwynfryn Jones, J. (Eds.): Eutrophication: Research and application to water supply:. 30–43. Freshw. Biol. Assoc., **1992.**

INRH, Breve Panorámica de los Recursos Hidráulicos en Cuba. Instituto Nacional de Recursos Hidráulicos, Ciudad Habana, Sep.16 pp., **2001**.

INRH, Tabla Nacional de Parámetros Morfométricos de los embalses y sus cuencas en Cuba. (documento digital), **2005**.

ISO, "Water Quality-Measurement of biochemical parameters Spectrometric determination of the chlorophyll-a concentration". Intern Stand Org 10260. 8 pp., **1992**.

Istvánovics, V. and Somlyódy, L., "Factors influencing lake recovery from eutrophication - the case of Basin 1 of Lake Balaton". Water Res.. **35**: 729–735, **2001.**

Istvánovics, V., A. Osztoics and M. Honti, "Long-term variability of external and internal load of P during the summer in Basin 1 of Lake Balaton". Verh. Internat. Verein. Limnol.. 29(1): 509–511, **2005.**

Iturralde, M.A. Naturaleza geológica de Cuba. Ministerio de Cultura, Editorial Cientifico-Técnica. 146 pp. **1984**

Iturralde y col. Geología de Cuba para todos. Edit. Cientifico-Técnica 150pp., **2009**.

Izaguirre, G., C.J. Hwang, S.W. Kresner and M.J. McGuire. "Geosmin and 2-MIB from cyanobacteria in three water supply systems". Appl. Environ, microbial. 43: 708-714. **1982**.

Jacobsen, T.R., R. Hakumat, and E.A. Nusch, "The measurement of phytoplankton pigments in freshwater: Where do we go from here?". Verh Internat Verein Limnol 23: 952-956, **1988**.

John, D.M. & Tsarenko, P.M. Order Chlorococcales. In: *The Freshwater Algal Flora of the British Isles. An identification guide to freshwater and terrestrial algae*. (John, D.M., Whitton, B.A. & Brook, A.J. Eds), pp. 327-409, 2002. Cambridge: Cambridge University Press. [Consultada 1/11/2010]. http://www.algaebase.org/search/species/., Marzo/**2006**.

Kagawa, H. and H. Hirotani, "Chlorophyll sedimentation in a deep reservoir in Japan". Verh. Internat. Verein. Limnol. 29 1573–1577, **2006.**

Kauppila, P., H. Pitkänen, A. Korhola, K. Pellikka, S. Vaalgamaa and K. Weckström, "Assessing ecological status of an urban estuary in the northern Baltic Sea and its recovery from pollution". Verh. Internat. Verein. Limnol. 29(1): 221–225, **2005.**

Komárek, J. and Komárková, J. "Taxonomic review of the cyanoprokaryotic genera *Planktothrix* and *Planktotrichoides*."Czech Phycology 4: 1-18, 2004. [Consultada 1/11/2010]. http://www.algaebase.org/search/species/., Sept./**2008**.

Kondolf, G.M. "Hungry water: Effects of dams and gravel mining on river channels". Environmental Management. 21 (4): 533-551. **1997**.

Krienitz, L. and Kotut, K., "Biodiversity of selected model groups of the phytoplankton in standing inland waters of Kenya". [Consultada 25/05/2006], http://www.rsnz.govt.nz/index.php y http://www.jcu.edu.au/school/tbiol/Botany/staff/hk.htm., **2001**.

Laíz, O.R. and Blomqvist, P., Report from a mission to Cuba. SAREC/CECE Project., **1986**.

Laíz, O.R. and Blomqvist, P., Limnological Studies in the Lebrije Reservoir, Central Cuba. IN: Water Resources Management and Protection in Tropical Climates. Eds. V.Quesada; J. Gutiérrez and L. Landner. Selected Papers from the First International Symposium Havana, February 8-12. Pag. 176-192, **1990**.

Laiz, O.R., I. Quintana, P. Blomqvist, A. Broberg, and A. Infante, "Limnology of Cuban reservoir: I. Lebrije". Tropical Freshwater Biology 3: 371-396, **1993**.

Laiz, O.R., I. Quintana, P. Blomqvist, A. Broberg, and A. Infante, "Limnology of Cuban reservoir: II. Higuanojo". Acta Cientifica Venezolana 44: 297-306, **1993b**.

Laiz, O.R., I. Quintana, P. Blomqvist, A. Broberg, and A. Infante, "Limnology of Cuban reservoir: III. Zaza". Acta Cientifica Venezolana. 44: 355-364, **1993c**.

Laiz, O.R., I. Quintana, P. Blomqvist, A. Broberg, and A. Infante, "Limnology of Cuban reservoir: IV. Tuinucu". Tropical Freshwater Biology 3: 452-471, **1993d**.

Laiz, O.R., I. Quintana, P. Blomqvist, A. Broberg, and A. Infante, "Comparative Limnology of four cuban reservoirs". Int Revue Ges. Hydrobiol 79(1): 27-45, **1994**.

Laíz, O, R. Moya y. R. Pérez., Sistema Automatizado FITO, para el procesamiento de las muestras en el cálculo de la Biomasa Fitoplanctónica. IN: XII Forum Ramal de Ciencia y Técnica INRH-DI-507/99, **1998**.

Laíz, O.R. Fitoplancton y su Inter-relación con los ambientes Físicos y Químicos en Cuatro Embalses de la Región Central de Cuba. Tésis para Optar por el Grado Científico: Maestro en Ciencias en Biología Marina y Acuicultura con Mención en Acuicultura. Centro de Investigaciones Marinas (CIM), Facultad de Ciencias Biológicas, Universidad de La Habana. **2002**.

Laíz, O.R. y Pérez, R., "Software FITO Versión 3.1 Cálculo de la Biomasa y la Abundancia. EN: I Simposio Nacional de Informática Aplicada a Recursos Hidráulicos. (Memorias del Simposio- no publicado-Archivo científico-técnico INRH) 16pp., Junio **2003**.

Laiz, O.R., I. Mora y V. Sende. Caracterización limnológica de las aguas del embalse Pedroso y su cuenca hidrográfica. EN: Proyecto "Estudio y Evaluación de la influencia de la Vegetación Acuática flotante (*Eichhornia crassipes (*Martius*)* Solms) sobre la calidad y manejo del agua y de los Puntos Potenciales de Contaminación en la UBE-Este (Embalse Pedroso) y alternativas para su control". Proyecto de investigación-desarrollo e innovación tecnológica (I+D). Programa Ramal de Ciencia e Innovación Tecnológica "Gestión Integrada del Agua". Contrato # 01-25/2003. (no publicado-Archivo científico-técnico INRH) Presentado ante Comité de Expertos del Instituto Nacional de Recursos Hidráulicos. 53pp., **2004**.

Laíz, O.R. Estudio Limnológico en los embalses Abreus y Paso Bonito, en la provincia Cienfuegos. Informe final contrato. Rama 1003. Contrato EIPHH #42-702-06, código: 0698-702-06. Dirección de Ciencia y Técnica INRH. (no publicado). **2006**.

Laiz, O.R., A. Brito, E. Rodriguez, C. Betancourt and M. Avila. "Chemical, physical and biological characteristics in Saladito reservoir, Cienfuegos province, Cuba". Lakes & Reservoirs: Research and Management. 12:43-53, **2007**.

Laiz, O.R. y Flores, E. Metodología para las mediciones de sedimentación en embalses. Condiciones de Cuba Certificación de depósito legal facultativo de obras protegidas. CENDA 2276/2007. **2007a.**

Laiz, O.R. y Flores, E. Análisis Químico-Geológico de la cuenca hidrográfica del embalse Abreus, provincia Cienfuegos. Informe final contrato. Rama 1003. Contrato EIPHH #42-702-07, código: 0268-702-06. Dirección de Ciencia y Técnica INRH. (no publicado). **2007b**.

Laiz, O.R. y Flores, E. Caracterización de la cuenca hidrográfica del embalse Paso Bonito, provincia Cienfuegos. Informe final contrato. Rama 1003. Contrato EIPHH #42-702-07, código: 0278-702-06. Dirección de Ciencia y Técnica INRH. (no publicado). **2007c**.

Laiz, O. Niveles de saturación del oxígeno disuelto (%), abundancia del fitoplancton y contenido de sales disueltas en embalses de las provincias centrales y occidental. Inf. Parcial Embalses Aspectos Limnologicos. Biblioteca EIPHH, 26 pp. **2009.**

Lappalainen, A. and Pesonen, L., "Changes in fish community structure after cessation of waste water discharge in a coastal bay area west of Helsinki, northern Baltic Sea". Arch. Fish. Mar. Res. 48 (1): 226–241, **2000.**

Launhardt, A., J. Rücker and B. Nixdorf, "Control of seasonal phytoplankton dynamics in Lake Scharmützelsee (northeast Germany) by nutrient competition during winter". Verh. Internat. Verein. Limnol.. 29 1675–1678, **2006.**

Lee, G. Fred and Jones, R.A. "Effects of Eutrophication on Fisheries". Reviews in Aquatic Sciences 5(3-4):287-305, **1991**.

Lewis, W.M. Jr., "The thermal regime of Lake Lanao (Philippines) and its theoretical implications for tropical lakes". Limnol. Oceanogr. 18(2): 200–217, **1973.**

Lewis, W.M. Jr., Zooplankton community analysis. New York, Springer., **1979**.

Lewis, W.M. Jr., "A revised classification of lakes based on mixing". Can. J. Fish. Aquat. Sci. 40(10): 1779-1787, **1983**.

Lewis, W.M. Jr., Tropical lakes: How latitude make a difference. In: Schiemer, F. and Boland, K.T. (Eds.): Perspectives in Tropical Limnology:. 43–64. SPB Academic Publishing bv, Amsterdam, **1996.**

Lewis, W.M. Jr., "Basis for the protection and management of tropical lakes". Lakes and Reservoirs: Research and Management 5: 35-48. **2000**.

Lewis, W.M. Jr., "Causes for the high frequency of nitrogen limitation in tropical lakes". Verh. Internat. Verein. Limnol. 28:210-213, **2002**.

Lind, O.T. "Patterns of phytoplankton populations and their relationships to trophic state in an elongate reservoir". Verh. Internat. Verein. Limnol. 22: 1465-1469, **1984**.

Lund, J.W.G., C. Kilpling and E.D. LeCren, "The inverted microscope method of estimating algal numbers, and the statistical basis of estimation by counting". Hydrobiologia 11(2): 143-170, **1958**.

L'vovich, M.I. World water resources and their future. American Geophysical Union. **1979.**

Margalef, R., Limnología. Ediciones Omega, S.A., Barcelona, 1010 pp.,**1983**.

McCauley, E., J.A. Downing and S. Watson, "Sigmoid relationships between nutrients and chlorophyll among lakes". Can. J. Fish Aquat. Sci. 46: 1171–1175, **1989.**

McGinnis, D. F. & J. C. Little. "Predicting diffused-bubble oxygen transfer rate using the discrete-bubble model". *Water Res.*, 36: 4627-4635. **2002.**

Megard, R.O., J.C. Settles, H.A. Boyer and W.S. Combs Jr. "Light, Secchi disks, and trophic states". Limnol. Oceanogr. 25: 373-377, **1980**.

Melack, J.M., "Primary productivity and fish yield in tropical lakes". Trans Amer Fish Soc 105: 575-580, **1976.**

Meybeck, M., D.V. Chapman and R. Helmer, Global Environment Monitoring System: Global Freshwater Quality-A First Assessment. World Health Organization and the United Nations Environment Program, Basil Blackwell, Inc., **1990.**

Migon, C. and Sandroni, V., "Phosphorus in rainwater: partitioning inputs and impact on the surface coastal ocean". Limnol. Oceanogr. 44: 1160-1165, **2000**.

Mitamura, O., "Nitrogen uptake by pond phytoplankton in the riverbed of the Yodo River System, Japan". Verh. Internat. Verein. Limnol. 27(5): 2922-2928, **2000**.

Mitrovic, S.M., P.R. Hawkins, L.C. Bowling, R.T. Buckney and D.M.H. Cheng, "Low nitrate concentrations in a tidally mixed river coincide with replacement of chlorophytes by the cyanophyte *Mycrocystis*". Verh. Internat. Verein. Limnol. 27(2): 924-929, **2000**.

Moccia, A., F. Decet and N. Salsamo, "Plankton and nutrient evolution of a piedmont reservoir in Nortern Italy (Lake Santa Croce)". Verh. Internat. Verein. Limnol. 27(5): 2929-2933, **2000**.

Monteiro, A.J. Jr. and Beyruth, Z., Determinação das condições limnológicas em tanques de aqüicultura. Fatores abióticos. Resumos do VI Congreso Brasileiro de Limnologia. Sociedade Brasileira de Limnologia. Inioversidade Federal de São Carlos, SP. 22 a 25 de julho de 1997. p. 315, **1997**.

Morrison, D.P. and Lewis, W.M. "Phytoplankton nutrient limitation in Colorado mountain lakes". *Freshwater. Biol.*, 20: 315-327. **1988.**

Mortimer, C.H., "The exchange of dissolved substances between mud and water in lakes". J. Ecol.30: 147-201, **1942.**

Nalinakumari, B.N. Methyl Isoborneol (MIB) and geosmin oxidation during ozonation. Thesis Presented in Partial Fulfillment of the Requirements for the Degree Master of Science. 46 pp. **2002**.

Nasar, S.A.K. and Kaur, S., "Observations on the abiotic factors and planktonic periodicity in a shallow pond of the Hoghlands of Shillong (India)". Acta Hydrochim Hydrobiol 10(2): 167-175, **1982**.

Naumann, E. "Some views concerning the ecology of limnoplankton with special reference to phytoplankton". Svensk Botanisk Tedskrift 13: 129-163, **1919**.

Neveux, J., "Extraction of chlorophylls from marine phytoplankton". Verh Internat Verein LimnoL 23: 928-932, **1988**.

Núñez-Jimenez, A., Geografía de Cuba. 2da Edición. Editorial LEX, La Habana. 624 pp., **1959**.

Nusch, E.A. "Comparison of different methods for chlorophyll and phaeopigment determination". Arch. Hydrobiol. Beih. Ergebn. Limnol. 14: 14-36., **1980**.

Odum, E.P. Fundamentals of Ecology. 3rd Ed. W.B. Saunders. Philadelphia. **1971.**

OECD (*). Vollenweider, R.A. and Kerekes, J.J., Eutrophication: Monitoring Assessment and Control. Organization for Economic Cooperation and Development, Paris. 154 p., **1982**.

Oglesby, R.T., "Relationships of fish yield to lake phytoplankton standing crop. production and morphoedaphic factors". J Fish Res Bd Can 34: 2271-2279, **1977**.

ONE, Medio ambiente. Estadísticas de la Revolución 1958-2008. [Consultada 15/06/2010], http://www.one.cu/publicaciones/50aniversario/medioambiente/publiccompleta.pdf 177p., **2009**.

ONE, Anuario estadistico de Cuba 2009. Edición **2010.** http://www.one.cu/publicaciones/anuarioestadistic/publiccompleta.pdf. 547 pp., **2010**.

O'Sullivan, P. and Reynolds, C., The Lakes Handbook: Limnology and Limnetic Ecology. Blackwell Publishing, Oxford., **2003**.

Padisak, J., "The influence of different disturbance frequencies on the species richness, diversity and equitability of phytoplankton in shallow lakes". Hydrobiologia. 249:135–156, **1993.**

Palau Ybars, A. La sedimentación en embalses. Medio ambiente y desarrollo sostenible. Dirección de M.A. y Calidad. Endesa Servicios, S.L 5 pp. **2004**.

Pérez-Eiriz, M. "Algunos aspectos limnológicos de un estanque artificial en Cuba". ACC Dpto Ecol For Serie Forestal. No. 172: 1-35, **1973**.

Pérez-Eiriz, M. y Fresneda, J. "Condiciones limnológicas en el embalse "Ejército Rebelde" (Paso Seco) en su primer año. Abundancia y Biomasa del Bentos". ACC. Dpto Ecol For Serie Forestal No. 35: 15pp., **1976**.

Pérez-Eiriz, M., V.I. Romanenko y M. Pubillones, "Características microbiológicas de la película superficial bacteriana (neuston) del embalse Sierra del Rosario, Cuba". Reporte de Investigación Inst Zool ACC No. 27: 1-22, **1986**.

Pérez-Eiriz, M., V. Romanenko, M. Pubillones, y B. Sandrino, Características Físicas, Químicas y Microbiológicas del embalse de la Sierra del Rosario. Edit. Academia, Habana. Inst Ecol y Sist. 152 pp., **1989a.**

Pérez-Eiriz, M., M. Pubillones, V.I. Romanenko y J. Plasencia, "Características microbiológicas de los embalses La Fe, Del Medio Las Nuevas y Vietnam Heroico, en la Isla de la Juventud". Editorial Academia, La Habana, 56pp., **1989b**.

Pérez-Eiriz, M., M. Pubillones y V. Romanenko, "Determinación del Efecto de los Vertimientos de residuales sobre el medio acuático con la ayuda de bioensayos (*Scenedesmus quadricauda*) en los embalses Zaza, Lebrije y sus tributarios". Voluntad Hidráulica 26 N° 82: 44-50, **1990**.

Pizarro, R. 2011. Entrevista al Dr. Roberto PizarroTapia, Coordinador para América Latina y el Caribe del Programa ISI de UNESCO. Control de la Erosión, Ceibe, Año 5, No. 9, 16-19, **2011**.

Pollingher, U. and Berman, T., "Temporal and spatial patterns of Dinoflagellate blooms in Lake Kinneret, Israel (1969-1974)". Verh Internat Verein Limnol 19: 1370-1382, **1975**.

Pollingher, U., "Phytoplankton periodicity in a subtropical lake (Lake Kinneret, Israel)". Hydrobiologia 138: 127-138, **1986**.

Pouličková, A. and Kršková, M., "Some ecological aspects of centric diatom seasonal maxima in shallow water body". Algol. Stud. 100: 121–133, **2000.**

Quirós, R. The nitrogen to phosphorus ratio for lakes. El agua en Ibero América. De la Limnología a la gestión en Sudamérica. Programa CYTED. Subprograma XVII: Aprovechamiento y Gestión de Recursos Hídricos. 11-26, **2002**.

Ramirez, J. y de León, G. Estudios Batimétricos en los embalses. Recomendaciones. Inst. Hidroeconomía, MICONS. 24 pp. **1981.**

Rankana, K. y Sahama, T.G. Geoquímica. 2da Edición. Ediciones Aguilar S.A. (Geochemistry, Edit. University of Chicago Press.) Traducido por Ignacio Bolivar Izquierdo. 862 pp., **1962**.

Rashash, M.C., A.M. Dietrich, and R.C. Hoehn. "FPA of Selected Odorous Compounds". Jour. AWWA, 89:4:131, **1997**.

Reynolds, C.S., The ecology of freshwater phytoplankton. - Cambridge Univ. Press, Cambridge, 384 pp., **1984.**

Reynolds, C.S., "Dynamics, selection and composition of phytoplankton in relation to vertical structure in lakes". Arch. Hydrobiol. Beih. Ergebn. Limnol.. 35: 13–31, **1992.**

Reynolds, C.S., "Scale of disturbance and their role in plankton ecology". Hydrobiologia. 249: 157–171, **1993.**

Reynolds, C.S., J. Padisák and U.Sommer, "Intermediate disturbance in the ecology of phytoplankton and the maintenance of species diversity: a synthesis". Hydrobiologia. 249: 183–188, **1993.**

Reynolds, C.S., Vegetation processes in the pelagic: a model for ecosystem theory. - In: Kinne, O. (Ed): Excellence in Ecology:. Ecology Institute. Oldendorf Luke Germany, 371 p., **1997.**

Reynolds, C.S., "On the vertical distribution of phytoplankton in the middle Rio Doce Valley Lakes". IN: Tundisi, J.G. and Saijo, Y. (eds) Limnological studies on the Rio Doce Valley Lakes, Brazil: 227-241. Brazilian Academy of Science, São Carlos, **1997a**.

Rimmer, A., Y. Aota, M. Kumagai and W. Eckert, "Chemical stratification in thermally stratified lake: A chloride mass balance model". Limnol. and Oceanogr. 50: 147–157, **2005**.

Rimmer, A., "Empirical classification of stratification patterns in warm monomictic lakes". Verh. Internat. Verein. Limnol.. 29(4)**:**1773–1776, **2006.**

Rivera-R.,C., D. Solano-M., A. Zapata-A. and J. Donato-R., "Phytoplankton diversity in a tropical high mountain lake". Verh. Internat. Verein. Limnol. **29(1):**418-421, **2005.**

RÖnner, U. and SÖrensen, F. "Denitrification rates in the low-oxygen waters of the stratified Baltic proper". Appl. Environ. Microbiol. 50: 801-806, **1985**.

Rosa, L.P., B. Matvienko, M.A. Santos and E. Sikar, Carbon dioxide and methane emissions from Brazilian hydroelectric reservoirs. - Project BRA/95/G31, UNDP/ELETROBRÁS, MCT. Reference Report, 119 pp., **2002.**

Rouen, M.A., D.G. George and D.P. Hewitt, "Using an automatic monitoring station to assess the impact of episodic mixing on the seasonal succession of phytoplankton". Verh. Internat. Verein. Limnol. 27(5): 2972-2976, **2000**.

Rowena, I.H., D. Hanelt and C. Howard-Williams, "Ultraviolet light: is it harming New Zealand's lakes?" [Consultada 12/03/2007], http://www.niwa.cri.nz/pubs/wa/09-1/uv.pdf, **2001**.

Rust, M. and McArthur, K., "Environmental Sampling and Monitoring. Primer Secchi Disk Transparency". [Consultada 22/06/2008], http://www.learnet.nt.ca/ECE/ECSS/Taketheplunge/ nit5A/main 5A.html, **2001**.

Ruttner, F., Fundamentals of Limnology. 3rd ed. Univ. of Toronto Press, Toronto. (p. 160), **1963**.

Ryding, S-O. y Rast, W.. El control de la eutrofización en lagos y pantanos. Eds. Ryding, S. y Rast, Walter. UNESCO. EDIC. PIRÁMIDE, S.A. MADRID. 375 pp., **1992**.

Sagehashi, M., A. Sakoda and M. Suzuki, "A predictive model of long-term stability after biomanipulation of shallow lakes". Water Res. **34**: 4014–4028, **2000**.

Salas, H.J. & Martino, P., "A simplified phosphorus trophic status model for warm-water tropical lakes". Water. Res. 25(3): 341-350, **2001**.

Saraiva Cavalcante, P.R., M. do Socorro R., M.F. Sousa B., R. Barbieri, C.L. Martins S. and R.C. Alves O., "Diel variation of limnological parameters in a reservoir in north-eastern Brazil (Boa Esperança, Maranhão/Piauí):Rainy period". Lakes and Reservoirs: Research and Management 12: 35-42, **2007**.

Schindler, D.W. "The evolution of phosphorus". Science 195: 897-898, **1977**

Schorr, T.S., Las Represas y sus Efectos sobre la Salud. Centro Panamericano de Ecología Humana y Salud. OPS y OMS. 341 pp., **1984**.

Schwoerbel, J., Methods for Hidrobiology (Freshwater Biology). Pergamon Press 200 pp., **1970**.

Serruya, C., U. Pollingher and M. Gophen. "N and P distribution in Lake Kinneret (Israel) with emphasis on dissolved organic nitrogen". Oikos 26: 1-8, **1975**.

Serruya, C. and Pollingher, U. Lakes of the Warm Belt. Cambridge University Press, Cambridge, 569 pp., **1983**.

Shilklomanov, I.A. Valoración de los recursos hídricos y disponibilidad del agua en el Mundo. OMM, PNUMA, IMA Estocolmo. **1997.**

Shiklomanov I.A. Appraisal and assessment of world water resources. Water International **2000.**

Soler-López, L.R., Sedimentation survey results of the principal water supply reservoirs of Puerto Rico, in Sylva, W.F., ed., Proceedings of the Sixth Caribbean Islands Water Resources, Congress: Mayagüez, Puerto Rico, February 22 and 23, , unpaginated CD. **2001a.**

Soler-López, L.R. "Sedimentation survey of lago Caonillas, Puerto Rico, February 2000". U.S. Geological Survey Water-Resources. Investigation Report 01-4043. 18 pp., 1 pl. **2001b.**

Soler-López, L.R. "Sedimentation History of Lago Dos Bocas, Puerto Rico, 1942-2005". U.S. Geological Survey Water-Resources. Investigation Report 07-5053. 44 pp. **2007**.

Sommer, U., J. Padisák, C.S. Reynolds and P. Juhásznagy, "Hutchinson's heritage: the diversity – disturbance relationship in phytoplankton". Hydrobiologia. 249: 1–7, **1993.**

Stelzer, R.S., G.E. Likens, D.C. Buso and J.H. McCutchan Jr. "Seasonal variation of phosphorus in precipitation at Hubbard Brook Experimental Forest". Verh. Internat. Verein. Limnol. 28(3): 1211-1215, **2002**.

Straskraba, M., M.Legner, J. Fott, J. Holcik, K. Komarova, K. Holcikova, y M. Pérez-Eiriz, "Primera Contribución al conocimiento limnológico de las Lagunas y Embalses de Cuba". ACC Serie Biológica No. 4. 1-43, **1969**.

Straškraba, M., Some new data on latitudinal differences in the physical limnology of lakes and reservoirs. – In: Boltouskoy, A. and Lopez, H. (Eds): Conferences of Limnology:.. Inst. Limnologia R. Ringuelet, La Plata. 19-39, **1993.**

Straskraba, M. and Tundisi, J.G., Reservoir Water Quality Management. Guidelines for Lake Management. International Lake Environment Committee, Japan., **1999.**

Strauss, T. and Ratte, H.T., "Modelling the vertical variation of temperature and dissolved oxygen in a shallow eutrophic pond as a tool for analysis of the internal phosphorus fluxes". Verh. Internat. Verein. Limnol. 28(3): 1508-1511, **2002.**

Strobl, R.O., F. Forte and L. Pennetta, "Application of artificial neural networks for classifying lake eutrophication status". Lakes and Reservoirs: Research and Management 12: 15-25, **2007**.

Suffet, I.H., J. Mallevialle and E.Kawcynski. Advances in Taste and Odor Control-AWWAF Final Report, Denver, Colorado., **1995**.

Tallberg, P. and Koski-Vähälä, J., "Silicate-induced phosphate release from surface sediment in eutrophic lakes". Arch. Hydrobiol. 151: 221–245, **2001.**

Tallberg, P. and Lehtoranta, J., "Changes in phosphorus and silicon fluxes and pools at the sediment surface following an experimental spring bloom deposition". Verh. Internat. Verein. Limnol. 29: 528–530, **2005.**

Talling, J.F. "Diurnal changes of stratification and photosynthesis in some tropical African waters". Proc Roy Soc B. 147: 57 – 83, **1957.**

Talling, J.F.. "Origin of stratification in an African Rift lake". Limnol Oceanog 8: 68 – 78, **1963**

Talling, J.F. "The annual stratification and phytoplankton growth in lake Victoria". Intern Rev ges Hydrobiol 50: **1965a**

Talling, J.F.. "The photosynthetic activity of phytoplankton in East African lakes". Intern Rev ges Hydrobiol 50: 1 - 32. **1965b**

Talling, J.F., "Comparative problems of phytoplankton production and photosynthetic productivity in a tropical and a temperate lake". Mem Ist Intal Idrobiol 18: 399-425, **1965c**.

Talling, J.F. "The annual cycle of stratification and phytoplankton growth in lake Victoria (East Africa) ". Int Revue ges Hydrobiol 51 (4): 545 – 621, **1966.**

Talling, J.F, "The incidence of vertical mixing, and some biological and chemical consequences in tropical African lakes". Int. Ver. Theor. Angew. Limnol. Verh. 17:998-1012, **1969**.

Talling, J.F. and Lemoalle, J., Ecological Dynamics of Tropical Inland Waters. Cambridge University Press, Cambridge, UK, 441 p., **1998.**

Tan, Y., Reservoir Design and Management to Control Sediment, Panel ICCORES, Saint Petersburg, Rusia. **1994**.

Tett, P., S.I. Heaney and M.R. Droop, "The Redfield ratio and phytoplankton growth rate". J. Mar. Biol. Ass. U.K. 65:487-504, **1985**.

Thackeray, S. J., J. A. Elliott, R. F. Fielding and K. Swinburne, "Effects of onset of thermal stratification on vertical distribution of phytoplankton and zooplankton species". Verh. Internat. Verein. Limnol.. 29(1): 555–559, **2005.**

Thieneman, A., Die Binnengewässer Mittleleuropas. Das Binnengewässer 1. Verlag Shweizerbart, Stuttgart, **1925.**

Thomaz, S.M., L.M.E. Bini and S.M. Alberti, Limnologia do reservatório de Segredo: padrões de variação espacial e temporal. In: Reservatório do Segredo Bases Ecológicas Para o Manejo (eds. A.A. Agostinho and L.C. Gomes). Editora da Universidade Estadual de Maringá-UEM, Maringá, Brasil., **1997.**

Tilzer, M.M., "Secchi disk-Chlorophyll relationships in a lake with highly variable phytoplankton biomass". Hydrobiologia 162: 163-171, **1988**.

Tinnberg, L., "Changes in succession rate in a natural phytoplankton community following nutrient enrichment". Mitt Internat Verein Limnol 21: 593-599, **1978**.

Tolotti, M. and Cantonati, M., "Temporal and vertical variations of chlorophyll concentrations in high mountain lakes of the Adamello-Brenta Regional Park (Trentino, Italy)". Verh. Internat. Verein. Limnol. 27(1): 521-526, **2000**.

Tundisi, J.G., "A review of basic ecological processes interacting with production and standing stock of phytoplankton in lakes and reservoirs in Brazil". Hydrobiologia 100: 223-244, **1983**.

Tundisi, J.G., "Key factors of reservoir functioning and geographical aspects of reservoir limnology". Chairmans overview In: Straskabova, V.; Brandl, Z.; Henderson-Sellers, B.; Lind, O.T.; Sladecek, V. *and* Talling, J.F. (Eds.): Proc. of the International Conference on Reservoir Limnology and Water Quality Arch Hydrobiol Beih Ergebn Limnol 33: 637-641, **1990**.

Tundisi, J.G. and Matsumura-Tundisi, Limnology and eutrophication of Barra Bonita reservoir, S. Paulo State, Southern Brazil. In: Straskabova, V.; Brandl, Z.; Henderson-Sellers, B.; Lind, O.T.; Sladecek, V. *and* Talling, J.F. (Eds.): Proc. of the International Conference on Reservoir Limnology and Water Quality Arch Hydrobiol Beih Ergebn Limnol 33: 661-676, **1990**.

Tundisi, J.G. and Straskraba, M. Strategies for building partnerships in the context river basin management: the role of ecotechnology and ecological engineering. Lakes and Reservoirs 1: 31-38, **1995**.

Tundisi, J.G., Reservatórios como sistemas complexos: Teoria, aplicações e perspectivas para usos múltiplos. In: Ecologia de Reservatórios: Estrutura, Função e Aspectos Sociais (ed. R. Henry) pp. 21-38. FAPESP and FUNDIBIO, Botucatu, SP, Brazil., **1999.**

Tundisi, J.G., N.Y. Sebastien, T. Matsumura-Tundisi, J.E.M. Tundisi and N.F. Manzini, "The response of reservoirs of southeastern Brazil to the passage of cold fronts as reflected by physical, chemical and biological variables". Verh. Internat. Verein. Limnol. 29(4):2124–2128, **2006**

Umaña Villalobos, G. "Ciclo anual de estratificación y circulación en el Embalse Arenal, Costa Rica". Rev. Biol. Trop. (Int. J. Trop. Biol. ISSN-0034-7744) Vol. 54 (Suppl. 1): 257-263, September **2006**

UNESCO. Scientific framework of world water balance. Tech. Papers in Hydrol 7. UNESCO, Paris. **1971.**

UNESCO, Phytoplankton Manual. Monographs on Oceanographic Methodology 6. A Sournia (de.) United National Educational, Scientific and Cultural Organization 337 pp., **1978**.

UNESCO Methods of computing sedimentation in lakes and reservoirs. A contribution to the International Hydrological Programme, IHP-II Project A. 2.6.1 Panel Stevan Bruk, Rapporteur. Yugoslav National Committee for the Hydrological Programme. Department of the Jaroslav Černi Institute for the Development of Water Resources. 224 pp. **1985.**

US-EPA, "An approach to a relative trophic index system for modelling lakes and reservoirs". National Eutrophication Survey Working Paper N° 24, 45pp U.S. Environmental Protection Agency, Corvallis O.R., **1974**.

Utermöhl, H., "Neue wege in der quantitativen Erfassung des Planktons (mit besonderer Berücksichtigung des Ultraplanktons)". Verh Int Ver Theor Angew Limnol vol 5, N° 2, p. 567-596, **1931**.

Utermöhl, H. "Neue Wege in der quantitativen erfassung des Planktons". Verh. Int. Ver. Limnol. 5: 567-595, **1932**.

Utermöhl, H., "Zur Verkollkommnung der quantitativen Phytoplankton Methodik". Mitt Int Verein Theor Anglu Limnol 9: 1-38, **1958**.

Vallentyne, J.R. "The algal bowl, lakes and man". Ottawa. Misc. Special Publ. 22, Dept. of the Environment, 185 pp., **1974**.

Vallentyne, J.R., "Principles of modern limnology". Amer. Sci.: 218-244, **1957**.

Verdonschot, P.F.M., "Climate change: Blessing or catastrophe for lowland streams biodiversity?". Verh. Internat. Verein. Limnol. **29(3):**1524–1528, **2006.**

Vila, I., Fernández Cirelli, A. y Wainstein Jaeger, P. Cooperación multilateral para un enfoque integrado en el aprovechamiento y gestión del agua. La problemática de la eutrofizacion de cuerpos lenticos en Iberoamerica. Programa CYTED. Subprograma XVII: Aprovechamiento y Gestión de Recursos Hídricos. 27-32, **2002**.

Vollenweider, R.A., Scientific fundamentals of the eutrophication of lakes and flowing waters with special reference to nitrogen and phosphorus as factors in eutrophication. Technical Report DAS/SCI/68.27. Organization for Economic Co-operation and Development, París., **1968.**

Vollenweider, R.A. (ed.), A manual on methods for measuring primary production in aquatic environments. IBP Handbook N° 12, Blackwell, Oxford, **1969**.

Vollenweider, R.A. and Kerekes, J.J. Background and summary results of the OECD cooperative program on eutrophication. In: restoration of lakes and inland waters. EPA/440/5-81-010. p. 25-36., **1981**.

Walter, T.A., "A correction to the Poole and Atkins Secchi disc/light attenuation formula". J. Mar. Biol. Assoc. U.K. 60: 769-771, **1980**.

Ward, J.V., "Thermal characteristics of running waters". Hydrobiologia. **25**: 31-46, **1985.**

Welch, E.B., "Respuestas de lagos y embalses a la disminución en la producción de fósforo". Ingeniería Hidráulica en México 7 (2/3) Mayo-Dic/92: 135-141, **1992**.

Wetzel, R.G., Limnology. – W.B. Saunders Company, Philadelphia, London, Toronto, **1983.**

Wetzel, R.G. and Likens, G.E., Limnological Analyses. 2nd ed., Springer Verlag, New York, 391 pp.,**1991**.

Wetzel, R.G., Limnology. 3rd ed. Saunders College Publishing. 1006 pp., **2001.**

Wikipedia. Diccionario en línea en español. http://es.wikipedia.org/wiki/wikipedia (creada 2001) [Consultada **2011**].**2011**.

Willén, E., "A simplified method of phytoplankton counting". Brit Phycol J 11(3): 265-278, **1976**.

WRI, World Resources 1986. An Assessment of the Resource Base that supports the Global Economy. WRI.Washington D.C. Basic Books Inc. NY. 353 p. **1986**

Xiaoqing, Y. Manual on Sediment Management and Measurement. World Meteorological Organization (WMO-948) Operational Hydrology Report No. 47. Secretariat of the World Meteorological Organization - Geneva - Switzerland. **2003**.

Yoshimura, S. "A contribution to the knowledge of deep water temperatures of Japanese lakes. Part 1, summer temperatures". Jpn. J. Astron. Geophys. 13: 61-120, **1936.**

I want morebooks!

Buy your books fast and straightforward online - at one of world's fastest growing online book stores! Environmentally sound due to Print-on-Demand technologies.

Buy your books online at
www.morebooks.shop

¡Compre sus libros rápido y directo en internet, en una de las librerías en línea con mayor crecimiento en el mundo! Producción que protege el medio ambiente a través de las tecnologías de impresión bajo demanda.

Compre sus libros online en
www.morebooks.shop

KS OmniScriptum Publishing
Brivibas gatve 197
LV-1039 Riga, Latvia
Telefax: +371 686 204 55

info@omniscriptum.com
www.omniscriptum.com

OMNIScriptum

MIX
Papier aus verantwortungsvollen Quellen
Paper from responsible sources
FSC® C105338

Printed by Books on Demand GmbH, Norderstedt / Germany